KB260027

# Tea
# mixology

## non-alcoholic

# Tea-mixology ;

contents

006    **제1장 티 칵테일의 영혼 ;**
6대 다류의 재발견

012    **제 2장 조화로운 우아함의 상징 ;**
백차white tea 칵테일

038    **제3장 신선한 생명력을 담은 비산화차 ;**
녹차Green Tea 칵테일

066    **제4장 '지배적인 아로마'의 우아함 ;**
청차Oolong tea 칵테일

092    **제 5장 붉은 수색 속에 담긴 강렬한 에너지 ;**
홍차 Black Tea 칵테일

118    **제 6장 시간의 미학 ;**
후발효차Post-fermented tea 칵테일

166    **제 7장 치유의 힘을 지닌 약용식물 ;**
허브티Herbal tea 칵테일

192    **제 8장 제 4의 물결 ;**
시각과 미각 중심으로의 감각 해방

# preface _ 발간사

한남대학교 문화예술대학원 음료문화경영학과,
미래인재대학원 청소년상담학과 겸임교수 **전미경**

發刊辭



인간의 몸은 70%가 수분으로 채워져 있다. 인류는 생존을 위해 수분을 섭취한다. 인체 내 수분의 항상성 유지를 위해 매일 일정한 양의 수분을 보충해야만 하는 것이다. 지금으로부터 1,300년 전, 당대의 육우(陸羽)는 『다경(茶經)』에 이런 말을 남겼다.

> "갈증을 해소하기 위해서 물을 마시며, 울분을 해소하기 위해서 술을 마시며, 정신을 모으기 위해서는 차를 마신다."

물과 술, 그리고 차, 서로의 기능이 다를 뿐 우월을 이야기하는 것이 의미가 있지는 않은 듯하다. 하지만 우리 사회에는 오랫동안 술을 마실 줄 모르거나 즐기지 않는다면 소외되거나 사회적 출세에 지장을 초래하는 것으로 인식되어 왔다. 가까운 역사 속 이씨조선 500년은 술이 차보다 우월한 존재로 관통되었고, 소위 술을 즐기는 주류(酒流)가 모든 조직의 주인으로 주류(主流)가 될 수 있었다. 소통의 식사 자리는 다반사(茶飯事)가 아니라 주반사(酒飯事)가 대신해 왔다. 차 마시는 자리는 잡담하는 자리이고, 술자리는 중요한 비즈니스를 논하는 자리였다. 하지만 과거와 달리, 새로운 시대에는 술을 마시는 것이 더 이상 필수가 아닌 개인의 선택이 되어가고 있다. 사실 작금에는 술로 출세하기보다는 술로 '패가망신'하는 사례가 더 많이 보인다.

'술에 취하지 않는, 냉정하고 차분한'이란 뜻을 가진 '소버(sober)'와 '삶'이란 의미인 '리빙(living)'이 만난 소버 리빙(Sober Living)은 '술을 마시지 않는 삶의 방식'을 뜻한다. 건강과 웰빙을 중시하는 사람들 사이에서는 '술 없는 즐거움'이 자연스러운 생활 방식으로 자리 잡아 가고 있다. 특히 젊은 층을 중심으로 무알코올 음료 소비가 늘면서 논알코올 바(티바)와 소버 소셜 스페이스(Sober Social Spaces)가 빠르게 늘어나는 등, 술 없이도 즐길 수 있는 다양한 사교 활동이 확산되고 있다. '술 기피'는 비단 우리 사회만의 일은 아니다. 전 세계적으로 와인이나 맥주 등의 알코올 생산량은 급감하고 있으며 논알코올·무알코올 음료 시장이 빠르게 성장하고 있다. 이는 단순한 금주 문화 확산을 넘어, 건강을 고려한 소비 패턴의 변화와 맞물려 있으며, 이제는 논알코올 음료가 단순한 대체재가 아닌 하나의 라이프 스타일로 자리 잡고 있다.

'드라이 재뉴어리(Dry January)', 1월 한 달 만이라도 금주를 실천하자는 이 운동은 십여 년 전 영국에서 시작된 금주 캠페인이다. 젊은 세대를 중심으로 술이 건강에 미치는 부정적인 영향을 피하고 싶어 하는 사람들이 많아지면서, 숙취 없이 맑은 정신을 유지하고 수면의 질을 개선하는 등 자신의 신체 건강을 관리하는 것이 중요하게 여겨지는 흐름은 이제 세계적이다. 이미 미국, 홍콩 등지에서는 술 없이도 바(bar) 특유의 분위기를 즐길 수 있는 논알코올 소버 바, 티바가 인기를 끌고 있다. 더 나아가 단순히 술이 없는 칵테일을 제공하는 것이 아니라, 웰빙과 치유를 위한 음료 경험을 선사하는 장소들이 곳곳에 나타나고 있다. 물론 이런 음료의 중심은 티(카멜리아 시넨시스)일 수밖에 없다. 소버 리빙은 현대인의 라이프스타일이 변화하는 중요한 흐름 중 하나다. 이제 술이 없는 공간에서도 충분히 재미있고 의미 있는 경험을 할 수 있다는 인식이 확산되어 가고 있다. 이제 더 많은 사람이 논알코올의 소버 리빙을 선택하고 있으며, 이와 관련된 산업과 문화도 더욱 발전할 것이다. 이러한 '논알코올 티 칵테일' 음료로 소버 리빙 시대를 선도해 나가는 것이 바로 우리 음료문화경영학과의 역할이라고 생각된다. 여기 11명의 한남대 음료문화경영학과 졸업생들이 '6대 다류'라는 분류를 기준으로 창의적이며 건강한 논알코올 티 칵테일 77종을 준비했다. 심심한 축하와 함께, 오늘의 시도가 대한민국 차 문화 발전에 획을 긋는 의미 있는 사건이 될 수 있기를 기대해 본다.

# 1; 티 칵테일의 영혼 6대 다류의 재발견

티 칵테일(Tea Cocktail)을 제조한다는 것은 단순히 액체를 섞는 '혼합(Mix)'의 차원을 넘어선다. 그것은 찻잎이 지닌 고유의 물성(物性)을 깊이 이해하고, 이질적인 재료들과의 상호작용을 통해 전례 없는 향미를 창조해 내는 과정이다. 우리는 이를 '정교한 추출(Extraction)'과 '구조적 조화(Balance)'가 빚어내는 미식의 예술이라 정의한다. 특히 논알콜(Non-Alcohol) 티 믹솔로지는 단순한 '제거(Subtraction)'가 아닌 '재구축(Reconstruction)'의 영역이다. 알코올이라는 강력한 용매가 빠진 자리를 차의 향미와 물성으로 채워, 취기 없이도 미각적 충만함을 선사하는 것이야말로 이 책이 지향하는 궁극의 목표다.

## 펀치(Punch)에서 티 믹솔로지(Tea Mixology)까지

최초의 칵테일은 차(Tea)였다. 우리가 흔히 '칵테일'이라 하면 독한 증류주를 먼저 떠올리지만, 칵테일의 원형이라 할 수 있는 17세기 '펀치(Punch)'의 중심에는 언제나 차가 존재했다. 17세기 초, 인도로 향하는 항로를 개척하던 영국 동인도 회사의 선원들에게 가장 큰 적은 바다 위에서 썩어가는 물과 괴혈병이었다. 생존을 위해 그들은 현지에서 구한 재료들을 섞어 마시기 시작했고, 이것이 펀치의 시초가 되었다. 펀치(Punch)의 어원은 산스크리트어로 숫자 5를 뜻하는 '파안차(Paunch)'에서 유래했다. 흥미롭게도 이 5가지 필수 요소는 오늘날 칵테일을 구성하는 기본 공식(Formula)과 놀랍도록 일치한다.

Arrak(알코올) _ 베이스 스피릿(술)
Sugar(설탕) _ 감미료(단맛)
Lemon, Lime(산) _ 산미료(신맛, 밸런스)
Spice(향신료) _ 넛맥, 시나몬 등(풍미)
Tea, Water(차, 물) _ 희석재(바디감)

여기서 차는 단순히 알코올의 농도를 낮추거나 양을 늘리는 희석(Dilution)의 역할에 그치지 않았다. 차에 함유된 타닌(Tannin) 성분은 당시 거칠었던 증류주의 독한 맛과 설탕의 느끼한 단맛 사이에서 중심을 잡아주는 견고한 '구조적 뼈대(Structure)' 역할을 수행했다. 현대 칵테일에서 맛의 균형을 잡는 '비터스(Bitters)'의 역할을 과거에는 차가 담당했던 것이다. 1920년대 미국의 금주법 시대와 스피크이지(Speakeasy) 바 문화를 거치며, 차는 알코올에 그 자리를 내어주고 잠시 역사 속으로 잊히는 듯했다. 그러나 21세기, '웰니스(Wellness)'와 '미식(Gastronomy)' 트렌드가 결합하며 티 칵테일은 화려하게 부활했다.

오늘날 '소버 큐리어스(Sober Curious)' 세대에게 차는 단순한 대안 음료가 아닌 구원과도 같다. 기존의 주스나 탄산음료 기반의 '목테일(Mocktail)'은 지나친 당도와 가벼운 질감 탓에 알코올이 주는 묵직한 만족감을 대체하기 어려웠다. 술이 주는 미식적 즐거움은 알코올 도수가 아니라 '복합적인 맛의 레이어'와 '마우스필(Mouthfeel)'에서 오기 때문이다.





첫째, 타격감(Kick)의 대체다. 찻잎의 타닌이 주는 떫은맛(Astringency)과 쌉쌀함(Bitterness)은 알코올 특유의 목 넘김과 혀를 조이는 긴장감을 훌륭하게 재현한다.

둘째, 여운(Finish)의 확장이다. 주스는 삼키는 순간 맛이 사라지지만, 차는 삼킨 뒤에도 숨을 내쉴 때 비강을 채우는 아로마(Retronasal Olfaction)와 혀 끝에 남는 회감(回甘)을 선사한다.

셋째, 기능성(Functionality)의 전환이다. 알코올이 '취기(Intoxication)'를 준다면, 차의 테아닌(L-theanine)은 '이완(Relaxation)'과 '각성(Alertness)'이 공존하는 기분 좋은 몰입감을 제공한다. 이제 논알콜 티 믹솔로지는 '술이 빠진 음료'라는 결핍의 정의를 벗어던졌다. 그것은 차의 섬세한 향미를 극대화하여 파인 다이닝의 페어링 메뉴로 격상된, 하나의 '독립된 미식 장르(Zero-Proof Gastronomy)'다.

티 칵테일 제조, 특히 알코올의 힘을 빌릴 수 없는 논알콜 제조의 실패는 90% 가 '농도 조절(Dilution Control)의 실패'에서 기인한다. 차는 본래 성분의 99%가 물인 음료다. 칵테일 제조 시 얼음이 녹으며 발생하는 희석을 철저히 계산하지 않으면, 맹물처럼 특징 없는 음료가 되기 십상이다. 알코올 없이도 밀도 있는 맛을 구축하는 전문 기법들을 소개한다.

- **티 콘센트레이트(Tea Concentrate : 고농축 추출법)** ;

**골든 룰(Golden Rule)** _ 논알콜 베이스는 일반 음용 기준보다 최소 3배 이상 진하게 우려야 한다.(물 100ml 당 찻잎 6g~8g 사용) 알코올의 임팩트가 없는 만큼, 차의 농도가 그 빈자리를 채워야 하기 때문이다.

**과학적 원리** _ 농도가 진해야 얼음이 녹아 희석되어도 차의 향미 분자(Flavor compounds)가 혀의 미뢰를 충분히 자극할 수 있다.

**급랭(Flash Chill)** _ 뜨겁게 우린 고농축 찻물을 얼음이 가득 담긴 서버에 바로 부어 순식간에 식히는 기법이다. 이는 천천히 식힐 때 휘발되는 향기 성분을 찻물 속에 가두어(Lock-in), 알코올 향수(Perfume) 역할을 대신할 화려한 탑 노트(Top Note)를 보존하는 데 유리하다.

- **냉침법(Cold Brew : 선택적 추출의 미학)** ;

**원리** _ 차의 맛을 결정하는 성분 중, 쓴맛(카페인)과 떫은맛(카테킨)은 고온에서 용출되지만, 감칠맛(테아닌)과 단맛(아미노산)은 저온에서도 잘 우러난다.

**적용** _ 4°C~10°C의 저온에서 8~12시간 동안 천천히 우려내면, 쓴맛은 억제되고 부드러운 텍스처와 단맛만이 추출된다. 이는 섬세한 백차나 고급 녹차에 적합하며, 특히 뜨거운 물에서 발생하는 홍차의 '크림 다운(Cream Down)' 현상을 원천적으로 차단하여 보석처럼 투명한 칵테일 베이스를 완성한다.

- **티 시럽 & 코디얼(Tea Syrup & Cordial : 바디감의 보강)** ;

알코올은 그 자체로 점성을 가진다. 따라서 논알콜 칵테일에서 가장 취약한 부분이 바로 '바디감(Body)'과 '마우스필(Mouthfeel)'이다. 이를 보강하기 위해 찻잎을 설탕물에 졸이거나 진하게 우려내어 차의 향을 입은 고밀도 액체를 만든다. 이는 칵테일의 질감을 벨벳처럼 부드럽게 만들고, 입안을 꽉 채우는 무게감을 부여하여 '음료'가 아닌 '요리'를 먹는 듯한 만족감을 준다.

- **올레오 사카룸(Oleo Saccharum : 향기 오일의 추출) ;**

라틴어로 '기름(Oleo)'과 '설탕(Saccharum)'의 합성어인 이 기법은 믹솔로지스트들의 비밀 무기다. 감귤류 껍질을 설탕에 재워 삼투압 현상으로 껍질 속 에센셜 오일을 추출하는 방식이다. 레몬이나 자몽 껍질을 설탕에 버무려 1시간 정도 두면 향긋한 오일 시럽이 생성되는데, 여기에 진하게 우린 찻물을 섞으면 차의 떫은맛과 시트러스 오일의 폭발적인 향이 어우러진 최상의 베이스가 탄생한다.

<h2 style="color:tomato; text-align:right">필수 도구(Tools)와 글라스 웨어<br>; 맛을 조립하는 도구들</h2>

- **셰이커Shaker** _ 공기와의 조우 : 셰이킹은 단순한 혼합이 아니다. 얼음이 격렬하게 부딪치며 수만 개의 미세한 기포를 만들어내는 '에어레이션(Aeration)' 과정이다. 이를 통해 차의 날카로운 떫은맛은 둥글게 순화되고, 잠재된 향은 풍성하게 깨어난다. 논알콜 음료에 부족하기 쉬운 부드러운 질감을 만드는 핵심 공정이다.

- **지거Jigger** _ 비율의 미학 : 칵테일은 감각인 동시에 화학이다. 눈대중을 배제하고 정확한 용량의 지거를 사용해 비율(Ratio)을 지킬 때, 언제나 균일한 맛의 밸런스가 완성된다.

- **바 스푼 (Bar Spoon)** _ 섬세한 터치 : 탄산이 들어간 롱 드링크를 가볍게 젓거나(Stir), 재료의 비중 차이를 이용해 층을 나누는 플로팅(Floating) 기법에 사용한다. 기포를 파괴하지 않고 재료를 어우러지게 하는 섬세함이 요구된다.

- **머들러 (Muddler)** _ 향의 압착 : 허브나 생과일의 즙과 향을 짜내는 도구다. 민트와 같은 허브는 과하게 짓이기면 잎맥이 파괴되어 풋내와 쓴맛이 나온다. 머들러로 가볍게 눌러주어(Press) 향기 오일만을 추출하는 것이 핵심이다.

- **파인 스트레이너 (Fine Strainer)** - 텍스처의 완성 : 셰이킹 후 잔에 따를 때 발생하는 미세한 얼음 조각(Shard)이나 찻잎 부스러기를 걸러내는 이중 거름망이다. 이 과정을 거친 칵테일은 입술에 닿는 순간 실크처럼 매끄러운 촉감을 선사한다.

- **티 시럽 공식** _ 가장 이상적인 비율은 물 1 : 설탕 1 : 찻잎 0.05~0.1 이다. 보존성을 높이거나, 알코올이 없는 상태에서 더욱 묵직한 질감을 원한다면 설탕 비율을 2배(Rich Syrup)로 늘린다.

- **시그니처 얼그레이 시럽(홍차 베이스)** _ 특징 : 베르가못의 화사함과 홍차의 바디감이 어우러져 밀크티나 논알콜 하이볼 베이스로 탁월하다.
재료 : 물 250ml, 백설탕 250g, 얼그레이 잎차 15g(티백 6개), 레몬 슬라이스 1조각.
제조 : 끓는 물에 찻잎과 레몬 한 조각을 넣고 5분간 아주 진하게 우린다(레몬은 베르가못 향을 증폭시킨다). 찻잎을 걸러낸 뜨거운 찻물에 설탕을 붓고, 절대 끓이지 말고, 중탕이나 여열로 저어서 녹인다. 열에 의한 향기 변질을 막기 위함이다.

- **히비스커스 & 베리 코디얼 (허브 베이스)** _ 특징 : 루비처럼 붉은 수색과 새콤달콤한 풍미. 논알콜 뱅쇼나 샹그리아에 적합하다.
재료 : 물 200ml, 설탕 200g, 히비스커스 10g, 냉동 베리류 50g, 레몬즙 30ml.
제조 : 냄비에 레몬즙을 제외한 모든 재료를 넣고 약불에서 10~15분간 뭉근하게 졸인다(Simmering). 과육이 흐물해지고 색이 진하게 우러나면 불을 끄고 식힌 뒤 레몬즙을 첨가한다. 레몬즙은 붉은색을 고정하고 보존성을 높여준다.

- **훈연 랍상소우총 시럽(스모키 베이스)** _ 특징 : 강렬한 소나무 훈연향을 지닌 '랍상소우총'은 위스키나 럼 없이도 오크통의 스모키한 풍미를 재현한다. 중후하고 남성적인 논알콜 칵테일에 필수적이다.
재료 : 물 200ml, 비정제 흑설탕(Muscovado) 200g, 랍상소우총 10g.
제조 : 백설탕 대신 흑설탕을 사용하여 색과 풍미의 깊이를 더한다. 제조 방식은 얼그레이 시럽과 동일하다.

- **티 아이스(Tea Ice : 녹을수록 진해지는 마법)** _ 시간이 지나 얼음이 녹으며 음료가 밍밍해지는(Watery) 현상을 방지하고 싶다면, 미리 차를 우려 얼린 '티 아이스'를 사용하라.

Tip _ 얼음 틀에 식용 꽃이나 허브, 과일 조각을 넣고 투명하게 우린 차를 부어 얼리면 시각적으로 아름다운 '플라워 티 아이스'가 된다. 음료가 녹을수록 차의 맛은 오히려 깊어지는 반전의 매력을 선사할 것이다.

Tea
mixology
non-alcoholic

WHITE TEA
Bai
2;
백차white tea 티 칵테일
'조화로운 우아함의 상징'

백차white tea 티 칵테일 **조화로운 우아함의 상징**

조
화
로
운
우
아
함
의
상
징

백차는 인간의 손길을 최소화하여 자연의 상태를
가장 온전하게 보존한 차다. 찻잎을 솥에서 덖는 살
청이나 비벼서 상처를 내는 유념의 과정을 생략하고, 그저
햇볕과 바람에 맡겨 서서히 건조시키는 방식 덕분에 백차는 맑고
화려한 향기와 산뜻한 미감을 동시에 지닌다. 찻물을 우려내면 수색은 마치 갓
익은 살구처럼 연하고 투명하며, 그 맛은 우아하면서도 담백하여 마시는 이의
마음까지 정결하게 만든다. 건조 과정에서 찻잎 속 효소가 아주 미세하게 작용
하여 약 15% 내외의 발효도를 갖게 되는데, 이 미묘한 산화의 과정이 녹차와
는 또 다른 깊이와 향의 층위를 형성한다.

이 고귀한 차는 중국 푸젠성이나 윈난의 '백호은침'을 통해 그 진가를 드러낸
다. 솜털이 보송보송한 어린 싹만을 채취해 만든 백호은침은 예로부터 몸의 열
을 내리는 청열 작용이 뛰어나 여름철 최고의 명차로 손꼽혔다. 채엽하는 형태
와 시기에 따라 백목단, 수미, 공미로 등급을 나누는데, 흥미로운 점은 시간이
흐를수록 그 가치가 더욱 깊어진다는 것이다. 오래 묵을수록 항산화 성분인 플
라보노이드가 증가하여 약성뿐 아니라 풍미 또한 묵직해진다.

이러한 특성 때문에 최근에는 보이차처럼 보관과 이동이 편리하도록 찻잎을 긴
압緊壓하여 소포장한 형태의 상품들도 많은 사랑을 받고 있다.

전통적인 방식의 백차는 보통 5회에서 6회까지 반복해서 우려내며 그 맛의 변화를 즐긴다. 하지만 현대적인 무알코올 티 칵테일의 베이스로 사용할 때는 더욱 세심한 접근이 필요하다. 백차를 칵테일의 바탕으로 삼았을 때 얻을 수 있는 가장 큰 장점은 바로 '조화로운 우아함'이다. 백차 고유의 은은한 꽃향기와 과실향은 함께 섞이는 시럽이나 생과일, 허브의 풍미를 억누르지 않고 부드럽게 감싸 안아 복합적인 향의 레이어를 형성한다. 특히 알코올이 배제된 칵테일에서 자칫 당도가 지나쳐 뒷맛이 무거워지는 현상을 백차 특유의 깔끔한 감칠맛이 완벽하게 잡아주어 세련된 피니시를 완성한다.

최상의 무알코올 칵테일 베이스를 얻기 위해서는 온도의 미학을 활용한 '하이브리드 냉침법'을 제안한다. 먼저 85°C 정도의 따뜻한 물로 찻잎을 가볍게 헹구어내는 세차 과정을 거쳐 찻잎의 조직을 부드럽게 깨운다. 그 후 상온의 깨끗한 물에 찻잎을 담가 1~2시간 동안 초기 향 성분을 이끌어낸 뒤, 4°C에서 10°C 사이의 저온 냉장고에서 12시간 이상 서서히 숙성시킨다. 이 과정을 거치면 쓴맛이나 떫은맛은 억제되고 찻잎 속의 아미노산 성분이 극대화되어, 인공적인 감미료 없이도 은은한 단맛과 벨벳 같은 질감을 지닌 베이스가 완성된다.

다만 백차를 다룰 때는 찻잎의 예민함을 기억해야 한다. 향이 지나치게 강한 시트러스나 자극적인 향신료를 과하게 사용하면 백차 고유의 섬세한 아로마가 금세 가려질 수 있다. 또한 추출 시간이 너무 길어지면 백차 특유의 부드러움 대신 거친 탄닌 감이 도드라질 수 있으므로 정교한 시간 관리가 필수적이다. 투명한 유리 기물 안에서 통통하게 불어난 은침 찻잎이 유영하는 시각적 즐거움까지 음료에 담아낼 수 있다면, 백차 베이스의 무알코올 티 칵테일은 단순한 음료를 넘어 한 편의 예술 작품으로 거듭날 것이다. 아주 특별한 순간, 자연에 가장 가까운 백차의 순수함으로 빚어낸 칵테일 한 잔은 일상의 소란함을 잠재우는 가장 우아한 위로가 된다.

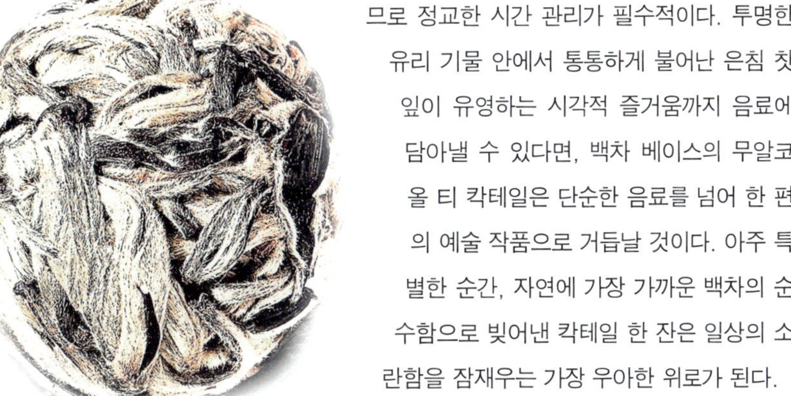

# 하얀 햇살 White Sunshine

**The 2 _**

백차white tea 티 칵테일 **조화로운 우아함의 상징**

티 마스터 _ **강미희**

## INGREDIENTS _

**Base** 화엄백차 5g.
**Liquid(바디)** 찻물 150ml, 갈아 만든 배 60ml.
**Syrup(풍미첨가제)** 피치시럽 15ml. 프리로제 탄산(저스트 비알콜) 50ml.
**Glass** 하트 칵테일 글라스 280ml.
**기법** 셰이크Shake, 빌드Build.

## 레서피 _

글라스를 냉장고에 넣어 칠링해 둔다.
셰이커에 얼음을 2/3 채운 뒤, 백차 우림, 피치시럽,
갈아 만든 배 순으로 계량해 넣은 뒤 셰이킹 한다.
셰이커의 음료를 글라스에 붓는다.
프리로제 탄산을 부어 완성한다.

'하얀 햇살'이라 명명된 이 티 믹솔로지는 백차 본연의 은은한 단맛을 격상시켜 극도의 우아함을 구현하는 데 집중했다. 음료의 영혼을 구성하는 핵심 베이스는 경남 하동 화개골의 야생 찻잎으로 빚어낸 '화엄백차'다.
화개골의 능혜 스님은 인위적인 열기나 기계적 공정을 배제한 채, 오직 눈부신 햇살과 푸른 달빛, 정직한 바람에 찻잎을 맡겨 스스로 몸을 말리게 한다. 이 '자연 건조'의 과정은 기다림의 미학 그 자체다.

인위적인 살청을 거치지 않아 자연의 생명력을 간직한 찻잎은 잔 위에서 투명하고 맑은 향기로 부활한다. 자연의 순리대로 태어난 이 음료는 잔 속에 담아낸 한 폭의 산수화다. 하얀 화선지 위에 오직 먹물의 농담(濃淡)으로 그려낸 지리산의 부드러운 곡선이 액체라는 물성을 통해 시각화된다. 화려함을 덜어낸 자리에 남은 비움의 미학은 마시는 이에게 시각적 평온과 깊은 사유의 시간을 제공한다.

여기에 현대적 감각의 로제 탄산을 더해 차의 정적인 성질에 생동감을 불어넣었다. 밤하늘의 별빛처럼 터지는 조밀한 기포는 백차의 산뜻한 풍미를 극대화하고, 은은한 로제 빛은 백색의 세계에 온기를 더한다. 이 우아한 조화의 정점은 화이트초콜릿 한 조각에서 완성된다. 백차의 청아한 기운이 초콜릿의 부드러운 유질감과 조우하는 순간, 숨어 있던 화사한 풍미가 꽃망울처럼 피어난다. 초콜릿의 달콤함과 차의 깔끔한 피니시가 이루는 완벽한 균형을 통해, 우리는 자연과 인간이 빚어낸 가장 아름다운 찰나를 마주하게 된다.

# Peach Whisper

피치 위스퍼

**The 2** _

백차white tea 티 칵테일 **조화로운 우아함의 상징**

티 마스터 _ **김선정**


**INGREDI**ENTS _

**Base** 백호은침 4g.
**Liquid**(바디) 찻물 200ml. 진저에일 100ml.
**Syrup**(풍미첨가제) 청도복숭아청.
**Garnish** 청도 복숭아.
**Glass** 콜린스.
**기법** 빌드Build.

**레서피** _

백호은침 찻잎 4g을 80℃의 물 300ml에
3분간 우린 후 차갑게 식힌다.
글라스에 청도 복숭아 청을 40g넣은 후 얼음을 채운다.
차가워진 찻물 200ml를 넣는다.
진저에일 100ml를 넣는다.

**청도 복숭아 청** _

잘게 자른 청도 복숭아 200g,
설탕 100g, 레몬즙 5ml를 넣고 졸인다.
원하는 농도가 되면 불을 끄고 식힌다.

한여름의 열기가 일상을 잠식할 때, 우리에게 필요한 것은 감각을 깨우는 한 모금의 청량함이다. '피치 위스퍼(Peach Whisper)'는 이름처럼 복숭아의 달콤한 속삭임을 닮은 음료로, 고귀한 백호은침과 상큼한 진저에일, 그리고 청도 복숭아청이 만나 완성된 여름의 시(詩)다. 이 음료의 기저에는 백차 중에서도 가장 귀한 '백호은침'이 자리한다. 어린 싹의 보송보송한 솜털이 살아있는 백호은침은 열을 내리는 성질이 강해 예로부터 여름의 차로 사랑받아 왔다. 차가 지닌 은은하고 깊은 풍미는 믹솔로지 음료에 묵직하고 우아한 중심을 잡아준다. 여기에 청도 복숭아로 담근 수제 청이 더해지며 맛의 절정을 이룬다. 진저에일의 톡 쏘는 기포는 복숭아의 당미를 입체적으로 살려내고, 백차의 아로마와 만나 정교한 향의 층위를 형성한다.

한 모금 들이키는 순간, 복숭아의 부드러운 과육과 달콤함이 파도처럼 밀려온다. 뒤이어 진저에일의 탄산이 혀끝의 열기를 식히고, 마지막으로 백호은침의 맑은 향이 입안을 감싸며 긴 여운을 남긴다. 마치 시원한 나무 그늘 아래에서 느끼는 바람의 감촉과도 같은 경험이다. 피치 위스퍼는 미식의 조화 또한 탁월하다. 치즈케이크와 곁들일 때는 탄산이 묵직함을 씻어내어 깔끔하고, 바삭한 크로와상과 함께라면 복숭아의 풍미가 한층 돋보인다. 가장 추천하는 음미법은 가장 뜨거운 오후, 책 한 권과 함께 홀로 마시는 것이다. 잔 속에서 일렁이는 복숭아빛 수색과 얼음 부딪히는 소리는 한여름의 불쾌함을 잊게 하는 고요한 밀어가 되어줄 것이다.

# Honey White Sparkling

허니화이트스파클링

INGREDIENTS _Base 하동 백차 3g. **Liquid**(바디) 탄산수 100ml. **Syrup**(풍미첨가제) 꿀 20ml.
**Garnish** 레몬, 백차 가루. **Glass** 마티니. **기법** 빌드Build, 프로트Float.

**레서피** _ 하동 백차 3g을 티팟에 넣고 끓인 물 100ml에 5분간 강하게 우린 후 식힌다.
차갑게 칠링한 글라스의 립(잔의 가장자리)에 백차 가루를 프로스트(리밍)한다.
글라스에 꿀 20ml를 넣은 후 찻물 1/2 붓는다.
속을 파낸 레몬을 띄운 후 레몬 안쪽과 글라스를 탄산수로 채운다.

**The 2** _

백차white tea 티 칵테일 **조화로운 우아함의 상징**

티 마스터 _ **김수연**


'허니 화이트 스파클링'은 백차 본연의 정결함 위에 레몬의 산미와 탄산수의 청량함을 조화롭게 쌓아 올린 음료이다. 이 음료의 본질을 이루는 것은 맑은 섬진강과 지리산 자락의 서늘한 기운을 품고 자란 하동의 백차이다. 하동은 큰 일교차와 물 빠짐이 좋은 사질양토 덕분에 차나무 재배의 최적지로 꼽힌다. 1200년 전 신라 시대부터 이어져 온 하동 차의 역사는 오늘날 백차의 정교한 풍미 속에 고스란히 살아 숨쉬고 있다.

이 음료에 사용된 백차는 이른 봄, 가장 먼저 돋아난 어린 찻잎만을 정성스럽게 채취한 것이다. 찻잎의 표면을 덮은 은빛 솜털은 백차의 신선함과 고귀함을 증명하는 상징과도 같다. 이렇게 귀하게 얻은 찻잎을 우려내면 수색은 맑고 투명하며, 맛은 은은하고 부드러운 달콤함이 혀끝에서 깔끔하게 번져나간다.

'허니 화이트 스파클링'은 이 고결한 백차 베이스에 상큼한 레몬과 시원한 탄산수를 블렌딩하여 탄생했다. 자칫 단조로울 수 있는 차의 미감에 레몬의 시트러스 향이 생동감을 불어넣고, 조밀한 탄산의 기포는 입안의 감각을 경쾌하게 깨운다. 여기에 더해진 소량의 꿀은 백차 특유의 은근한 단맛을 더욱 입체적으로 끌어올리며 전체적인 풍미의 밀도를 높여준다. 음료의 진가는 목을 타고 넘어가는 마지막 순간에 드러난다. 꿀의 농밀한 달콤함과 탄산의 화려함이 지나간 자리를 하동 백차 특유의 정갈한 뒷맛이 차분하게 정리해 주는 마무리는 가히 압권이라 할 수 있다. 입안에 남는 잡미 없이 투명하게 떨어지는 끝맛은 하동의 맑은 물과 공기를 한 모금에 들이킨 듯한 착각을 불러일으킨다. 전통의 무게를 가벼운 기포에 실어 보낸 '허니 화이트 스파클링'은 일상의 갈증을 해소하는 가장 우아한 방법이 된다. 세월이 빚은 1200년의 깊이와 현대의 청량함이 교차하는 이 한 잔은, 지친 오후의 감각을 투명하게 정화해 주는 특별한 휴식이 되어줄 것이다.

# Rosé Harmony

로제 하모니

The 2 _

백차white tea 티 칵테일 **조화로운 우아함의 상징**

티 마스터 _ **김종분**

## INGREDIENTS _

**Base** 월광백차 5g.
**Liquid**(바디) 찻물 200ml.
**Syrup**(풍미첨가제) 장미 코디얼 50ml.
**Garnish** 장미 꽃잎, 5cm 얼음 3개.
**Glass** Sling Glass 350ml.
**기법** 빌드Build, 스터Stir.

## 레서피 _

월광백차 5g을 끓인 물로 세차 후
정수 300ml를 부어 24시간 냉침한다.
식용 장미 꽃차를 끓인 물로 꽃잎이 펴질 만큼
부어서 우리고 냉수를 부어서 5cm 얼음틀에
꽃잎 한 장씩을 넣어 얼린다.
Sling Glass에 장미 코디얼 50ml을 넣고
장미꽃 얼음을 3단으로 쌓고 냉장한
찻물을 서서히 붓는다.

'로제 하모니'는 장미꽃잎의 화려함을 얼음 속에 박제하여 월광백차의 고고한 흐름 속에 던져 넣은 음료다. 투명한 얼음 속에서 영롱하게 빛나는 장미는 시각적 탐닉을 넘어 차의 풍미를 깊게 수놓고, 향긋한 장미 코디얼은 미각의 절정을 선사한다.

이 음료의 본질인 '월광백차(月光白茶)'는 인간의 간섭을 최소화하여 자연에 가장 가깝게 맞닿아 있다. 운남 고차수의 찻잎을 깊은 밤에 채엽하여 일체의 인위적인 공정 없이 오직 자연 바람으로만 건조한 이 차는, 달빛처럼 은은한 향과 담백한 맛이 특징이다. 밤의 기운을 머금은 달빛의 차에 꽃의 여왕 장미가 더해져, 비로소 그지없는 우아함을 획득한다. 이 한 잔은 60여 년간 티타임을 이어온 할머니들의 이야기를 담은 다큐멘터리 〈티타임〉을 떠올리게 한다. 주름진 손으로 찻잔을 들고 삶의 희로애락을 나누는 그녀들의 모습은 우아하면서도 평범한 일상의 위대함을 보여준다. 그 기나긴 우정의 시간을 상상하며, 순백의 레이스와 제철 과일이 흐드러진 테이블 위 '로제 하모니'가 놓인 애프터눈 티 파티를 그려본다.

로즈 월광백 아이스티를 음미하며 소소한 일상을 나누는 시간은 삶이 주는 따뜻한 선물이다. 화려한 장미 향 뒤로 월광백차의 담백한 여운이 길게 이어지듯, 우리의 대화 또한 깊고 정다울 것이다. 달빛과 장미가 빚어낸 이 하모니를 통해 잠시 멈추어가는 여유를 가져보길 권한다.

# Drawing
# Moonlight

## 달빛을 그리다

## INGREDIENTS _

**Base** 백차 말차 1.5g.
**Liquid**(바디) 물 130ml.
**Syrup**(풍미첨가제) 레드뱅쇼 15ml.
**Glass** 칵테일 글라스.
**기법** 휘스킹Whisking.

## 레서피 _

칠링된 글라스에 시원한 래드뱅쇼 12ml를 붓는다.
다완에 백차 말차 1.4g을
물(50℃, 10ml)로 풀어준다.
다완에 120㎖의 물을 마져 부어 격불한다.
글라스에 격불한 백차 말차의 폼을 살려 부어준다.
별도 작은 그릇에 몇 방울의 물로
백차 0.1g을 진하게 풀어준다.
백차 말차폼 위에 그날의 분위기 및
취향에 맞는 그림을 그려 마무리 한다.

'달빛을 그리다'는 격불擊拂한 백차가 선사하는 조밀하고 크리미한 질감이 단연 일품인 음료이다. 이 음료의 베이스로 사용된 백차 말차는 중국 동남부 저장성에서 생산된 고품질의 찻잎을 엄선하여 사용했다. 잎차를 우려내는 방식이 아닌, 고운 가루 형태로 가공된 백차를 차선으로 빠르게 저어 거품을 내는 격불의 과정을 거치면, 백차 특유의 우아한 향기가 미세한 입자 속에 갇히며 생크림처럼 부드러운 목 넘김을 완성한다.

이 정결한 백색의 세계에 온기를 더하는 것은 레드 뱅쇼Vin Chaud다. 유럽 전역에서 겨울철 건강을 위해 즐겨 마시는 전통 음료인 뱅쇼는 와인에 과일과 향신료를 넣고 끓여 깊은 풍미를 자랑한다. 백차의 담백함 속에 녹아든 뱅쇼의 은은한 시나몬 향과 과일의 산미는 맛의 층위를 한층 입체적으로 넓혀주며, 마치 차가운 달빛 아래 따스한 화로를 둔 것 같은 안온함을 선사한다. 이 음료의 진정한 매력은 시각적 유희에 있다. 하얀 백차 거품 위에 더 진하게 개어낸 백차액으로 그림을 그리거나 메시지를 새기는 '티 아트Tea Art'는 눈으로 먼저 차를 감상하는 특별한 즐거움을 준다. 차마 말로 다 전하지 못한 수줍은 고백을 찻잔 위에 조심스레 적어 내려가며 낯간지러운 마음을 달래 보거나, 그날의 기분과 풍경을 자유롭게 그려 넣으며 예술적인 사유에 잠길 수도 있다.

'달빛을 그리다'는 공기가 제법 차가워지기 시작하는 이른 가을날, 보름달을 바라보며 연인이 마주 앉아 즐기기에 더할 나위 없이 좋다. 차의 부드러운 질감을 방해하지 않도록 티푸드로는 지나치게 달지 않은 담백한 수제 약과를 추천한다. 약과의 고소한 기름기와 백차의 깔끔한 끝맛이 어우러지는 순간, 가을밤의 정취는 더욱 깊어진다. 찻잔 속에 담긴 달빛을 눈으로 즐기고, 입안으로 음미하며, 마음으로 그리는 이 시간은 바쁜 일상 속에서 잠시 잊고 지냈던 낭만을 다시금 일깨워줄 것이다.

노(老)백차 모히또는 자연의 순리를 정직하게 따르는 야생 백차를 베이스로 삼는다. 야생의 차나무는 인간의 인위적인 간섭에서 벗어나 스스로를 지키며 자라기에, 스트레스를 가장 적게 받은 순수한 생명력을 품고 있다. 이 고결한 찻잎을 우려 만든 시럽에 맑고 투명한 탄산과 시원한 민트를 블렌딩하여, 잔 속에서 푸른 파도와 싱그러운 바람의 감촉을 동시에 느껴보게 했다.

이 음료의 뼈대를 이루는 베이스는 '수미 노(老)백차'이다. 둥근 달 모양으로 굳힌 병차(餠茶) 형태의 이 차는 오랜 세월의 숙성을 거치며 맛의 깊이를 완성했다. 한 모금 마시면 입안에 닿는 질감은 한없이 부드럽고 구수하며, 그 너머로 은은한 감초 향과 나무 향, 그리고 세월이 빚어낸 복합적인 과일 향이 층층이 느껴진다. 노(老)백차만이 가진 이 묵직한 바디감은 가벼운 탄산과 만났을 때 음료의 중심을 잡아주는 결정적인 역할을 한다.

# mojito

## 노백차 모히또 달빛을 그리다

**The 2 _**

백차white tea 티 칵테일 **조화로운 우아함의 상징**

티 마스터 _ **신순규**

## INGREDIENTS

**Base** 야생 수미노老백차 3g.
**Liquid**(바디) 트레비 스파클링 워터 100ml.
**Syrup**(풍미첨가제) 노백차 시럽 30ml.
**Garnish** 스라이스 레몬1조각, 애플민트10잎.
**Glass** Sour Glass 280ml.
**기법** 스터Stir.

## 레서피

칠링한 글라스에 백차시럽 30ml를 넣는다.
애플민트 잎 10g을 넣고 머들러로 으깬다.
글라스에 얼음을 70% 넣는다.
미리 준비해 둔 찻물100ml를 넣는다.
(수미백차 3g을 95℃의 물 110ml에 넣어 3분간 우려 식힌다.)
차가운 스파클링을 100ml 넣는다.
슬라이스 레몬으로 글라스 위에 가니시 한다.

본래 모히또는 쿠바의 수도 아바나를 발상지로 하는
럼 기반의 하이볼이다. '마법의 부적'이라는 의미의
스페인어에서 유래한 이 칵테일은 원래 화이트 럼에
스피아민트, 설탕, 라임, 탄산수를 섞어 만든다. 작
가 어네스트 헤밍웨이가 쿠바에 머물며 불후의 명작
『노인과 바다』를 집필하는 동안, 매일같이 단골 술
집인 '라 보데기타 델 메디오'를 찾아 이 음료를 즐
겼다는 일화는 전설과도 같다. '노老백차 모히또'는
헤밍웨이가 사랑했던 알코올 모히또의 원형을 존중
하되, 취기 대신 노老백차의 깊고 맑은 기운으로 그
자리를 채운 무알코올 티 칵테일이다.
백차의 담백한 단맛이 민트의 날카로운 청량감을 부
드럽게 감싸 안을 때, 우리는 헤밍웨이가 바라보았
던 저 먼바다의 수평선을 상상하게 된다. 알코올 없
이도 충분히 매혹적인 이 음료는 일상의 번잡함을
씻어내는 진정한 '마법의 부적'이 되어줄 것이다.

'꿈속의 속삭임'은 백차의 섬세하고 부드러운 풍미 위에 목련꽃 시럽의 은은하고 우아한 향을 덧입혀, 품격 있는 여운과 따스한 온기를 선사하는 음료이다. 이 한 잔의 차 속에는 마치 특별한 날 도착한 선물 같은 이야기가 층층이 쌓여 있다. 수미백차의 담백한 기운과 목련꽃의 고급스러운 향취가 어우러지며, 마시는 이로 하여금 고요한 자연의 품 속에서 마음의 안정과 깊은 휴식을 경험하게 한다.

이 음료의 바탕이 되는 수미백차는 잔잔하고 은은한 맛과 향이 특징이다. 백차는 찻잎을 덖거나 비비지 않고 자연 그대로 건조하여 맑은 향을 온전히 간직한다. 덕분에 차를 우려내면 고요한 자연의 아침 이슬 속에 머물고 있는 듯한 청량한 느낌을 준다. 잔을 채운 투명한 황금빛 수색은 보는 이의 눈을 편안하게 해주고, 인위적인 기교를 덜어낸 담백한 풍미는 복잡한 마음을 평온하게 가라앉혀 준다.

여기에 더해진 목련은 고결함과 순수함을 상징하며 이른 봄날의 설레는 꽃내음을 전한다. 봄의 소식을 가장 먼저 알리는 목련은 임금님이 계신 북쪽을 향해 꽃을 피운다 하여 '북향화(北向花)'라 불리며, 꽃봉오리가 붓끝을 닮았다 하여 '목필화(木筆花)'라는 선비 같은 이름을 지니기도 했다.

# Whispers in a dream

꿈속의 속삭임

**INGREDIENTS** _

**Base** 수미백차 5g.
**Liquid**(바디) 찻물 170ml.
**Syrup**(풍미첨가제) 목련꽃시럽 30ml.
**Garnish** 목련꽃.
**Glass** 고블렛.
**기법** 빌드Build.

특히 한방에서는 목련 꽃봉오리를 잘 말려 매운맛이 난다는 뜻의 '신이(辛夷)'라는 약재로 귀히 여겨왔다. 차로 마셨을 때 느껴지는 특유의 시원하고 상쾌한 뒷맛과 황금빛 수색은 가히 일품이라 할 수 있다. 달콤하고 포근한 목련꽃 시럽은 수미백차의 정갈한 성질과 조우하여 우아한 하모니를 이룬다. 자칫 단조로울 수 있는 백차의 여백을 목련의 화사한 향이 채우고, 목련의 화려함은 백차의 담백함이 부드럽게 감싸 안는다. 수미백차가 지닌 선한 약성과 목련의 생동감 넘치는 기운이 만나, 찻잔 속에는 어느덧 새싹이 움트는 봄의 생명력과 왕실의 고귀함이 공존한다.

**레서피** _

수미백차 5g을 95℃의 물에 5분간 우린 뒤 식힌다.
차가 준비되는 동안 글라스에 얼음을 넣어 칠링한다.
칠링 된 글라스에 목련꽃 시럽 30ml를 넣고
잔의 80% 정도를 얼음으로 채운다.
찻물을 붓는다.

**The 2** _

백차white tea 티 칵테일 **조화로운 우아함의 상징**
티 마스터 _ **이계자**

# 화이트 모스카토
# White Moscato

The 2 _

백차white tea 티 칵테일 **조화로운 우아함의 상징**

티 마스터 _ **조영아**

## INGREDIENTS _

**Base** VANILLA & FRUIT WHITE TEA(Tamborne Tea) 5g.
**Liquid**(바디) 진저에일 토닉 워터 40ml. 찻물 80ml.
**Syrup**(풍미첨가제) 제로 모스카토 70ml.
**Garnish** 타임.
**Glass** 샴페인 글라스.
**기법** 빌드Build.

## 레서피 _

칠링된 샴페인 글라스에 화이트 티 80ml를 넣는다.
모스카토 70ml을 잔에 넣는다.
크러쉬 얼음을 올리고 타임으로 가니시를 한다.
위에서 토닉 워터 40ml를 붓는다.

'화이트 모스카토'는 처음 만난 이들과의 서먹함을 단숨에 녹여내어 친숙한 분위기를 만드는 마법 같은 티 칵테일이다. 생동감 넘치는 음악과 달콤한 디저트가 함께하는 자리에 이 음료가 더해진다면 그 즐거움은 비할 데 없이 풍성해진다.

이 음료의 베이스가 되는 차에는 사계절이 통째로 녹아 있다. 봄을 알리는 수레국화와 카렌듈라, 여름의 장미 향기가 층층이 쌓여 있고, 그 사이로 망고, 배, 백작포포(Pawpaw)의 다채로운 과일 향이 고개를 내민다. 계절의 정수를 담은 차에 모스카토가 더해지는 순간, 음료는 영롱한 금빛으로 반짝인다. 잔 속에서 터져 오르는 하얀 기포는 마치 고요한 겨울밤 내리는 눈송이를 바라보는 듯한 시각적 환상을 선사한다.

음료의 또 다른 주인공인 '모스카토(Moscato)'는 달콤한 과실 향과 꽃향기를 동시에 품은 유구한 역사의 포도 품종이다. 이 이름은 이탈리아어로 초파리를 뜻하는 '모스카(Mosca)'에서 유래했다는 설이 있는데, 향에 매료된 초파리들이 유독 많이 모여든 것에서 붙여진 이름이라 전해질 만큼 그 당미와 향취가 매혹적이다.

이탈리아에서는 축제일에 즐기는 전통 빵 '파네토네(Panettone)'와 모스카토의 조합을 최고로 친다. 빵 속 건과일을 와인에 불려 만들기 때문에 두 메뉴는 태생부터 깊은 연결고리를 지닌다. 파네토네를 가장 완벽하게 즐기는 방법은 단연 차와 와인의 조화가 어우러진 '화이트 티 모스카토'를 곁들이는 것이다.

### The 2 _

백차white tea 티 칵테일 **조화로운 우아함의 상징**
티 마스터 _ **최선주**

'Spring Day of Veke Garden'은 빽빽한 은빛 털로 덮인 바늘 모양의 백호은침과 포도의 싱그러움이 만나 탄생한 음료이다. 은은한 살구빛을 띠는 백차의 맑은 수색 위에 달콤한 포도의 풍미를 얹고, 그 위로 얇게 슬라이스한 샤인머스캣 포도알을 띄워 제주의 봄 정원을 한 잔의 미학으로 완성했다. 백차의 섬세한 풍미 속에 봄의 태동이 가득 담긴 이 음료는, 제주 베케 정원에서 마주한 가장 우아한 순간을 상징한다.

내게 제주도의 베케 정원은 '자연으로 스며드는 투명한 창'이다. 아침 햇살이 정원의 초목 사이로 부드럽게 드리우는 결정적 순간을 선물하며, 고요하고 차분한 마음으로 차를 우려내는 즐거움을 만끽하게 해준다. 유리 다구 안에서 뜨거운 물을 만난 백호은침 찻잎이 수직으로 서서 서서히 오르내리는 모습은 마치 춤을 추는 듯한 '차무茶舞'를 연상시킨다. 이는 단순한 음료의 제조를 넘어, 제주의 자연이 전하는 깊은 감동을 눈과 마음으로 감상하는 경건한 시간이다.

흐드러지는 봄꽃과 산들거리는 바람이 가득한 날, 짧은 휴가를 떠나온 이들에게 베케 정원의 'Spring Day'는 가장 완벽한 선택이 된다. 인위적인 장식을 배제하고 자연의 순리를 담아낸 이 음료는 일상의 소란함을 지우고 오로지 현재의 계절에만 집중하게 만든다.

백호은침의 고결한 향을 온전히 느끼고 싶다면, 그 어떤 음식도 곁들이지 않은 채 오롯이 차 자체에만 침잠해 보기를 권한다. 투명한 잔 속에서 유영하는 어린 찻잎의 생명력, 그리고 혀끝에 닿는 포도의 청량함과 백차의 은근한 단맛은 살랑이는 봄바람과 조우하며 잊을 수 없는 공감각적 경험을 선사한다. 제주의 봄, 그 찬란한 정원의 기억이 찻잔 속에서 영원히 머물고 있다.

# Spring day of
# Veke 베케 정원
# Garden

'더 베스트 타임'은 백차와 진피의 고아한 향기 위에 청귤의 싱그러움을 더해, 지금, 이 순간이 생애 최고의 시간임을 깨닫게 하는 음료다. 이 이름은 베이스로 사용된 백차 '화양연화(花樣年華)'에서 유래했다. '인생에서 가장 아름다운 시절'이라는 뜻처럼, 이 차는 마시는 이의 기억 속 가장 눈부신 찰나를 소환한다. 베이스가 된 차는 중국 푸젠성 정화 지역의 명문 '융합다원'에서 2021년 생산된 산차(散茶)다. 대나무 채반 위에서 정성스럽게 말려진 이 백차는 정화 지역 특유의 맑고 우아한 풍미를 간직하고 있다. 여기에 세월의 깊이를 더하고자 중국 신회 지역의 30년산 진피(陳皮)를 결합했다. 오랜 숙성을 거친 진피는 단순한 귤껍질을 넘어, 세월이 응축된 깊고 그윽한 약향(藥香)을 뿜어낸다. 이 진귀한 향취에 제주산 청귤 시럽의 상큼함을 가미해 시원한 미감을 완성했다.

백차의 정갈함, 진피의 중후함, 청귤의 시트러스한 터치는 맛의 조화를 넘어 건강한 에너지를 선사한다. 항산화 성분과 비타민이 가득한 이 한 잔은 몸과 마음을 동시에 보살피는 치유의 음료다.

진정한 화양연화는 먼 미래가 아닌 바로 지금 이 순간에 존재한다. 영화 〈화양연화〉를 배경 삼아 이 티 칵테일을 음미해 보길 권한다. 찻잔 속 깊은 여운은 당신이 통과하고 있는 오늘이 바로 인생의 '베스트 타임'임을 조용히 속삭여 줄 것이다.

# The
# best time

더 베스트 타임

## INGREDIENTS _

**Base** 백차 5g, 진피 4g.
**Liquid**(바디) 얼음 150g.
**Syrup**(풍미첨가제) 청귤시럽 20g.
**Garnish** 청귤 슬라이스 1개.
**Glass** 하이볼 300ml.
**기법** 빌드Build.

## 레서피 _

백차 5g과 진피 4g을 300ml
물로 3분간 우려내고 식혀준다.
하이볼 글라스에 청귤시럽을 먼저 넣어준다.
청귤시럽 위에 얼음을 올리고 식힌 찻물을
조심스럽게 부어준다.
청귤 슬라이스를 옆면에 넣어준다.

**The 2** _

백차white tea 티 칵테일 **조화로운 우아함의 상징**

티 마스터 _ **최은환**

# White Dodo Cooler

백차 도도쿨러

'백차 도도쿨러'는 백차 본연의 고결한 신선함 위에 복숭아의 감미로운 달콤함을 투영한 고품격 청량음료다. 이 음료의 중심을 잡는 베이스는 중국 푸젠성 정화政和지역에서 생산된 백호은침이다. 정화산 백호은침은 솜털이 빽빽하게 덮인 어린 싹만을 엄선하여 수확한 뒤, 인위적인 열기나 물리적인 압력을 가하지 않고 자연의 바람과 햇살 속에 서서히 말려 완성한다. 인간의 간섭을 최소화한 이 정교한 제다 공정은 찻잎이 품은 은은하고도 맑은 향을 잔 속에 온전히 부활시킨다.

백차 도도쿨러는 이렇듯 정결한 백차의 향기 속에 잘 익은 복숭아의 부드러운 속살을 담아냈다. 투명한 얼음 잔 속에서 백호은침의 수색과 복숭아의 발그레한 당미가 어우러지는 모습은 시각적인 즐거움을 넘어 기분 좋은 설렘을 선사한다. 첫 모금에 느껴지는 백차의 산뜻한 풀내음은 뒤이어 밀려오는 복숭아의 농밀한 달콤함과 만나 독특하면서도 정교한 풍미의 층위를 형성한다.

이 음료의 진가는 단순히 갈증을 해소하는 것을 넘어, 지친 일상의 감각을 깨우는 전환의 힘에 있다. 탄산의 청량함이 백차 특유의 아미노산 성분을 실어 나르며 입안을 깔끔하게 정리해 주고, 복숭아의 은은한 여운은 목을 타고 넘어간 뒤에도 한동안 혀끝에 머물며 긴 호흡의 휴식을 제안한다.

유독 태양이 뜨겁게 내리쬐는 여름날, 사랑하는 이와 마주 앉아 시원한 백차 도도쿨러를 나누는 시간은 그 자체로 하나의 풍경이 된다. 잔 표면에 맺힌 차가운 물방울처럼 맑고, 복숭아의 향기처럼 달콤한 순간. 백차의 고고함과 과실의 다정함이 빚어내는 이 아름다운 조화는 당신의 여름을 가장 찬란하고 시원한 기억으로 기록하게 할 것이다.

레서피 _

백차 2g을 냉침으로 12시간 우린다.
복숭아청 50ml를 바닥에 깔아주고 얼음을 채운다.
백차와 탄산수를 섞어 넣고 애플민트로 장식한다.

**The 2** _

백차white tea 티 칵테일

**조화로운 우아함의 상징**

티 마스터 _ **홍정순**

# 3;

녹차Green Tea 칵테일
신선한 생명력을 담은 비산화차

비산화차
신선한 생명력을 담은

녹차는 찻잎의 산화를 억제하여 자연 그대로의 생명력을 보존한 비산화차다. 봄철 돋아난 어린잎을 채취해 즉시 '살청(증기로 찌거나 솥에서 덖는 과정)'을 거쳐 산화를 중지시킨다. 차의 역사에서 가장 오래된 뿌리를 가지고 있으며, 품종 또한 매우 다양하다. 영양학적으로도 녹차는 보물창고와 같다. 레몬의 5~8배에 달하는 비타민 C를 함유하고 있으며, 강력한 항산화 작용을 하는 카테킨(Catechin) 성분이 풍부하다. 이는 노화 억제, 항암 효과, 식중독 예방 등 현대인의 건강을 지키는 기능성 음료로서 독보적인 위치를 차지한다. 맑고 부드러운 연녹색의 수색(湯色)과 입안을 감도는 신선하고 청아한 향미는 녹차만이 가진 고유한 매력이다.

**녹차 따뜻하게 즐기기Hot Brewing** _ 일반적인 기준은 물 100ml당 차 2g, 혹은 150ml 컵에 티스푼 하나(약 5ml)를 권장한다. 61℃~87℃의 온도에서 30초~3분간 우려내며, 양질의 잎차는 3~4회까지 반복해서 우려낼 수 있다.

**녹차 시원하게 즐기기Cold Brewing :**

찬물에는 잎차를 사용하는 것이 가장
좋다. 티백이나 분쇄차를 활용할 경우,
상온에서 2시간 정도 먼저 우린 뒤 냉
장 온도(4℃~10℃)에서 약 8시간 동
안 천천히 냉침하면 떫은맛이 적고 부드
러운 풍미의 냉차를 만날 수 있다.
최근 믹솔로지Mixology 트렌드에서 녹차는
논알코올 티 칵테일의 훌륭한 베이스로 주목받
고 있다.

녹차 베이스의 가장 큰 장점은 깔끔한 밸런스와 구조감에 있
다. 녹차 특유의 은은한 수렴성(떫은맛)은 알코올이 빠진 빈자리를 채
워주는 '바디감' 역할을 한다. 이는 칵테일이 음료수처럼 너무 가볍게 느껴지는 것을 방
지하고 무게감을 잡아준다. 또 하나의 장점은 시각적 미감과 청량함이다. 투명하고 맑
은 연녹색의 수색은 시트러스 계열(레몬, 라임)이나 허브(민트, 바질)와 결합했을 때 시
각적으로 극도의 청량감을 선사한다. 향의 레이어링 역시 또 다른 장점이다. 녹차의 풀
향(Grassy)과 구수한 향은 과일시럽이나 플로럴한 가니시와 만났을 때 복합적인 향
의 층위를 만들어낸다.

그러나 주의할 점 또한 많다. 녹차는 열에 매우 민감하다. 너무 뜨거운 물로 베이스를
추출하면 카테킨과 탄닌이 과하게 용출되어 칵테일 전체의 맛이 쓰고 텁텁해진다. 칵
테일용 베이스는 평소보다 조금 낮은 온도에서 우려내거나 '냉침' 방식을 선택하는 것
이 가장 안전하다.

녹차는 또 산성 성분(레몬즙 등)과 만났을 때 수색이 밝게 변하는 성질이 있다. 이를 활
용해 시각적 변화를 줄 수도 있지만, 과도한 산미는 녹차 본연의 섬세한 향을 가릴 수 있
으므로 당도와 산도의 세심한 비율 조절이 필요하다. 마지막으로 비산화차인 녹차는 공
기 중에 오래 노출되면 갈변 현상이 일어나며 신선한 향이 급격히 사라진다. 베이스로
추출한 후에는 가급적 빨리 사용하거나 밀봉하여 냉장 보관해야 한다.

그런점에서 녹차를 활용한 논알코올 칵테일은 정교한 설계가 필요하다. 알코올이라는
강력한 용매 없이도 풍부한 맛을 내기 위해서는, 차의 성분을 어떻게 끌어내고 무엇과
조합할 것인지에 대한 전략적 준비가 선행되어야 한다.

그 첫 번째는 바로 고농축 베이스 추출물(Tea Concentrate)을 만드는 것이다. 일반적으로 마시는 차보다 2~3배 진하게 우려낸 '티 컨센트레이트'가 필요하다. 칵테일은 얼음, 시럽, 부재료가 섞이면서 희석되기 때문에 차의 존재감을 잃지 않으려면 다음의 추출법을 준비해야 한다.

급냉 추출(Flash Brew)이다. 뜨거운 물에 찻잎을 평소보다 3배 이상 넣고 짧고 진하게 우린 뒤, 즉시 얼음에 부어 향을 가두는 방식이다. 녹차 특유의 신선한 향을 즉각적으로 살릴 때 유용하다. 다음은 고농축 냉침(Cold Brew Concentrate)이다. 상온 또는 찬물에서 8~12시간 이상 길게 우려낸다. 떫은맛은 줄이고 녹차 고유의 단맛과 감칠맛을 극대화하여 부드러운 목 넘김의 칵테일을 만들 때 필수적이다.

두 번째는 맞춤형 시럽(Custom Syrups)을 자신만의 비법으로 만드는 것이다. 녹차의 쌉쌀한 카테킨 성분은 적절한 당분과 만났을 때 풍미가 폭발한다. 일반 설탕 시럽도 좋지만, 녹차와 결합력이 좋은 당원을 준비하면 완성도가 높아진다. 그 대표적인 시럽이 꿀 또는 아가베 시럽이다. 이 두 가지는 녹차의 풀 향과 조화를 이루며 자연스러운 풍미를 더한다. 허브 인퓨징 시럽도 매우 매력적이다. 민트, 로즈마리, 혹은 라벤더를 우려낸 시럽은 녹차 칵테일에 복합적인 향의 층위(Layer)를 만들어준다. 과일청도 다양하게 활용할 수 있는 재료 중 하나다. 매실, 유자, 복숭아 청은 녹차의 산뜻함과 어우러져 대중적인 맛을 완성할 수 있게 해준다.

알코올이 주는 타격감을 대신하기 위해 입안에서 감각을 자극할 요소들도 매우 중요한 부분 중 하나다. 그 대표적인 것이 바로 탄산수(Sparkling Water) 또는 토닉워터다. 탄산수와 토닉워터에 기포의 청량감은 녹차의 깔끔한 끝맛을 극대화해 주기 때문이다. 시트러스 쥬스 또한 입안의 감각을 깨울 수 있는 요소이다. 레몬, 라임, 자몽의 산미는 녹차의 향을 깨우고 수색을 맑게 유지하는 역할을 해준다. 에더블 플라워와 허브 등도 또 하나의 부재료다. 가니시(Garnish)로 사용하는 생민트, 식용 꽃, 레몬 껍질 등은 후각적 즐거움을 더해 '칵테일'로서의 정체성을 부여해 주기 때문이다.

마지막으로 숨겨진 팁은 바로 물에 관한 것이다. 녹차 칵테일의 90% 이상은 물이다. 미네랄 함량이 너무 높은 경수보다는 연수(정수된 물)를 사용하는 것이 녹차 본연의 향미 성분을 방해 없이 추출하는 비결이다.

The 3 _
녹차 칵테일
신선한 생명력을 담은 비산화차

# Green
## Blossom

그린 블라썸

**INGREDIENTS** _

**Base** 연우제다 녹차 5g.

**Liquid**(바디) 찻물 120ml.

**Syrup**(풍미첨가제) 사탕수수 시럽(마리브리자드), 모히또 시럽(베드렌), 라임즙 각 20ml.

**Garnish** 라임 슬라이스, 타임.

**Glass** 로누드볼 칵테일 글라스.

**기법** 셰이킹Shaking.


**레시피** _

글라스에 얼음을 넣어 칠링해 둔다.
셰이커에 얼음을 2/3 채운 뒤, 찻물, 라임즙, 사탕수수
시럽 순으로 계량해 넣고 셰이킹 한다.
칠링된 글라스의 얼음을 버린 뒤, 셰이커의 음료를 글라스에 담아낸다.
타임과 슬라이스한 라임을 가니시로 올린다.

'그린 블라썸'의 주 베이스로 선택한 하동 연우제다의 녹차는 자연의 시간을 손으로 길러낸 결정체다. 기계의 힘을 빌리지 않고 전통 방식 그대로 수확하고 가공한 덕분에 풍미가 깊고, 맛은 비단처럼 부드러우며 향은 은은하게 결을 이룬다. 이 차의 진가는 300℃에 달하는 고온의 가마솥에서 시작된다. 뜨거운 열기를 견디며 숙련된 손놀림으로 찻잎을 비벼내는 과정을 거치면, 잎은 자연스럽게 비틀어지고 말려 독특한 형태를 갖춘다. 짙은 윤기가 흐르는 건조된 찻잎은 물을 만나는 순간 극적인 변화를 보여준다. 단단하게 말려 있던 잎이 기지개를 켜듯 풀리며, 본연의 연한 녹색 잎사귀로 되살아나는 모습은 그 자체로 하나의 예술이다. 청량한 수색(水色)과 생동감 넘치는 향미는 하동의 대지를 그대로 옮겨놓은 듯 매혹적이다. 예로부터 녹차는 이른 봄, 가장 먼저 돋아난 작고 어린 새순으로 만든 것을 으뜸으로 쳤다. 이 시기에 채엽한 찻잎은 특유의 감칠맛이 뛰어나 차의 품격을 한층 높여준다. 잠시 눈을 감고 하동의 봄을 그려보자. 찻잎의 첫 싹이 고개를 내밀고, 싱그러운 차꽃 봉우리가 툭툭 터지는 소리가 기분 좋게 귓가를 간지럽힌다. 그 생명력을 담은 차 한 모금을 머금으면, 뒤이어 찾아오는 녹차의 상큼함이 무뎌진 감각에 생기를 불어넣는다. 몸을 데워주는 따뜻한 녹차도 더할 나위 없이 좋지만, 아스라이 다시 피어나는 상쾌한 봄의 정취를 온몸으로 느끼고 싶다면 '그린 블라썸' 한 잔은 어떨까. 맑고 청아한 이 한 잔을 마주하는 순간, 당신은 이미 찬란한 봄의 통로 한복판에 서 있을 것이다.

# The 3 _

녹차 칵테일

**신선한 생명력을 담은 비산화차**

티 마스터 _ **강미희**

# Morning
## E mbrace

### INGREDIENTS _

**Base** 말차 30g.
**Liquid**(바디) 우유 200ml.
**Syrup**(풍미첨가제) 흑임자.
**Garnish** 말차.
**Glass** 콜린스.
**기법** 빌드Build.

### 레서피 _

말차 가루 30g, 물 10ml,
연유 30ml를 넣고, 말차 시럽을 만든다.
말차 시럽을 글라스에 50ml 넣고 얼음을
채운 후 우유를 200ml 넣는다.
흑임자 가루 15g, 우유 10ml, 생크림 30ml를
휘핑기를 이용하여 흑임자 밀크폼을 만든다.
만든 흑임자 밀크폼을 우유 위에
원하는 만큼 올리고 말차로 장식한다.

**The 3** _

녹차 칵테일 **신선한 생명력을 담은 비산화차**

티 마스터 _ **김선정**

일본의 대표적인 녹차인 말차와 고소한 흑임자, 그리고 부드러운 우유가 만나 완벽한 조화를 이루는 음료, 바로 '모닝 엠브레스'다. 이름 그대로 아침의 서늘한 기운을 따스하게 감싸 안는 (Embrace) 듯한 부드러운 질감이 이 음료의 정체성이다.

모닝 엠브레스는 바쁜 일상 속에서 커피를 대신할 건강한 선택지를 찾는 이들, 혹은 아침 식사를 거른 채 일과를 시작해야 하는 현대인들을 위한 맞춤형 에너지 음료다. 말차 특유의 천연 카페인이 정신을 맑게 깨워주고, 양질의 식물성 단백질이 풍부한 흑임자가 영양을 채워준다. 여기에 연유와 생크림의 은은한 달콤함과 부드러움이 더해져, 하루의 시작을 한결 편안하고 즐겁게 만들어준다.

이 음료를 제대로 즐기기 위해서는 섬세한 가이드가 필요하다. 컵의 밑바닥에 깔린 진한 말차 시럽과 위를 덮고 있는 구름 같은 흑임자 폼이 하나로 어우러지도록 고루 섞어 마셔야 한다. 쌉싸름한 말차와 고소한 흑임자가 교차하며 내는 풍미의 변주는 단조로운 아침에 생동감을 불어넣는다.

가벼운 아침 식사 대용으로 단독으로 마셔도 충분히 든든하며, 바삭하게 구운 토스트 한 조각을 곁들인다면 더할 나위 없이 완벽한 아침의 식탁이 완성된다. 오늘 아침, 당신의 몸과 마음을 다정하게 다독이는 '모닝 엠브레스' 한 잔으로 활기찬 하루의 문을 열어보길 권한다.

# Jeju Refresh

제주 리프레시

**레서피** _

90℃ 물 100ml에 제주 녹차 티백 2개를
5분간 강하게 우린다. 찻물은 차갑게 식힌다.
글라스에 얼음을 가득 넣고 찻물 100ml 넣는다.
탄산수로 글라스를 채운 후 오렌지 칩과 타임으로 장식한다.

**INGREDIENTS** _

**Base** 제주 녹차 티백 2개(4g).
**Liquid**(바디) 탄산수 300ml.
**Garnish** 오렌지 칩, 타임.
**Glass** 하이볼 글라스.
**기법** 빌드Build.

**The 3**

녹차 칵테일 **신선한 생명력을 담은 비산화차**

티 마스터 _ **김수연**

제주도의 상쾌함을 오롯이 한 잔의 유리잔에 투영한 스파클링 티가 바로 '제주 리프레시Jeju Refresh'다. 차나무의 학명인 '카멜리아 시넨시스Camellia sinensis'는 본래 아열대성 기후에 그 뿌리를 두고 있다. 조선 후기 다도를 정립한 초의 선사는 그의 저서《동다송東茶頌》의 첫 구절에서 차나무를 '남국가수南國嘉樹', 즉 '남쪽 나라의 아름다운 나무'라 칭송했다.

**"수명불천생남국(受命不遷生南國)**
**하늘의 명을 받아 자리를 옮기지 않고**
**오직 남쪽 나라에서만 자라네."**

이 구절처럼 차나무는 따뜻한 햇살과 적절한 습도를 품은 남쪽 땅을 사랑한다. 그런 의미에서 우리나라 최남단의 섬, 제주도는 차가 자라기에 더할 나위 없는 최적의 요람이다. 화산토의 척박함을 이겨내고 제주의 해풍을 맞으며 자란 찻잎은 그 어디에서도 느낄 수 없는 강인하면서도 싱그러운 생명력을 머금는다.

**"떠나요, 둘이서 모든 걸 훌훌 버리고…."**

제주도를 떠올릴 때면 누구나 무의식중에 흥얼거리게 되는 노래 가사처럼, 제주는 우리에게 언제나 동경과 휴식의 상징이다. 일상의 무게가 버거울 때, 혹은 문득 제주의 시원한 바람이 그리워질 때 '제주 리프레시' 한 잔을 추천한다.

이 음료는 단순히 목을 축이는 탄산음료가 아니다. 복잡한 도심의 소음을 잠재우고, 제주 들판에서 불어오는 청량한 공기와 맑은 바람을 한 잔에 응축해 담아낸 휴식 그 자체다. 톡 쏘는 스파클링 뒤에 찾아오는 녹차의 깔끔한 여운을 통해, 당신은 잠시나마 일상을 벗어나 푸른 제주의 다원茶園을 거니는 듯한 해방감을 맛보게 될 것이다.

겐마이 그린Genmai Green은 푸른 녹차와 크리스피하게 볶은 현미가 만나, 달콤하면서도 맑은 꽃향을 남기는 티 믹솔로지다. 녹차 특유의 쌉쌀한 수렴성을 구수한 현미와 엘더플라워의 청량한 감칠맛으로 포근하게 감싸 안아, 차를 처음 접하는 이들도 부담 없이 즐길 수 있는 편안한 풍미를 자랑한다. 본래 겐마이차(玄米茶, 현미차)는 녹차에 볶은 현미를 섞어 만든 일본식 현미녹차를 말한다. 찻잎을 덖는 과정에서 쌀알이 팝콘처럼 하얗게 튀어 오른 모습이 섞여 있어 '팝콘차'라는 귀여운 별칭으로도 불린다. 전통적인 겐마이차가 따뜻하고 구수한 온기의 차였다면, '겐마이 그린'은 그 구수함을 현대적인 트렌드에 맞춰 시원하고 감각적인 청량함으로 재해석한 결과물이다.

잔에 담긴 겐마이 그린은 투명한 금빛 위에 연초록 수색이 겹쳐지며 오묘한 빛을 발한다. 조화롭고 정적인 평온함 속에 살아 숨 쉬는 생명력을 보여주는 초록은 '욕망이 없는 식물'만이 보여줄 수 있는 순수한 색채다. 투명한 얼음 속에 갇힌 차꽃 가니시는 시각적 시원함을 극대화하며, 부드러운 꿀 향이 감도는 엘더플라워 시럽은 자칫 단조로울 수 있는 구수함 위에 화려한 꽃향의 층위를 쌓아 올린다. 여기에 기분 좋은 산미가 더해져 맛의 마무리는 한없이 산뜻하다.

> "엄마, 이 차는 초원을 떠올리게 하네.
>  맛도 좋지만, 마음속에 넓은 초원의 정취를
>  펼쳐주는 차인 것 같아."

어느 아이의 순수한 감상처럼, 이 차는 햇살 가득한 광활한 초원을 연상시킨다. 신선한 풀 내음과 갓 볶은 쌀의 고소함이 어우러진 이 한 잔은, 누구에게나 편안한 휴식과 함께 마음의 지평선을 넓혀주는 특별한 티 믹솔로지가 되어줄 것이다.

# Genmai
## 겐마이 그린
## Green tea

**레서피** _

겐마이차를 끓인 물 90℃로 1분 30초간 우린 후 식혀서 냉장고에 넣어둔다.
한 번 우려낸 차를 차꽃과 함께 다시 우려서 식힌 후 직사각 얼음 틀에 얼린다.
엘더플라워 30ml 붓고 얼음을 4개씩 2단으로 쌓은 뒤 냉장 한 찻물을 서서히 붓는다.
바스푼으로 스터링한다.

**The 3** _
녹차 칵테일 신선한 생명력을 담은 비산화차
티 마스터 _ **김종분**

# Greek 그리스의 봄 Spring

**INGREDIENTS** _

**Base** 녹차 말차 2g.
**Liquid**(바디) 그릭요커트 60ml.
**Syrup**(풍미첨가제) 자두 졸임 60g. 카페시럽 20ml.
**기법** 빌드Build, 셰이커Shake.

**레서피** _

자두 100g을 0.5cm 크기로 깍뚝 썰기하여 카페시럽 10㎖로 5분간 중약불에서 졸인 후 차갑게 식힌다.
플레인 그릭요거트에 소금 한 꼬집을 넣어 섞는다.
셰이커에 녹차 말차 2g, 물 10ml, 카페시럽 10ml를 넣어 풀어준 후, 각얼음 8개, 물 30ml를 추가하여 셰이킹한다.
칠링한 글라스에 자두 졸임, 그릭요거트, 셰이크한 녹차 말차를 순서대로 빌드하여 마무리 한다.

나른한 오후, 기분 좋은 허기가 느껴질 때쯤 당신의 몸과 마음을 든든하게 채워줄 '간식 같은 티 믹솔로지'를 소개한다. 바로 말차와 그릭요거트, 그리고 자두가 어우러진 '그리스의 봄Greek Spring'이다. 이 음료의 핵심인 말차는 수확 전 15~20일간 햇빛을 차단하는 '차광 재배'를 거친다. 이 과정을 통해 잎은 더욱 진한 녹색을 띠게 되며, 일반 녹차보다 떫은맛은 줄고 특유의 깊고 쌉싸름한 풍미가 살아난다. 특히 찻잎을 우려내는 것이 아니라 잎 전체를 곱게 갈아 마시기 때문에, 항산화 물질인 폴리페놀을 온전히 섭취할 수 있다는 것이 큰 장점이다. 폴리페놀은 노화 지연과 각종 질환 예방에 도움을 주는 고마운 성분이다. 다만, 잎 전체를 섭취하는 만큼 카페인 함량이 높으므로 하루 2~3잔 이내로 즐기는 것이 좋으며, 탄닌 성분이 철분 흡수를 방해할 수 있으니 식사 직후보다는 식간의 여유로운 시간에 마시는 것을 추천한다.

여기에 갱년기 여성에게 이로운 천연 에스트로겐이 풍부한 자두와 지중해의 건강을 담은 그릭요거트Greek Yogurt가 더해진다. 전통 방식으로 수분을 제거한 그릭요거트는 신맛이 적고 크림치즈처럼 꾸덕하고 고소한 풍미가 일품이다. 단백질과 미네랄, 프로바이오틱스가 풍부해 근육과 소화기 건강은 물론 체중 관리에도 효과적인 슈퍼푸드다.

'그리스의 봄'을 즐기는 방법은 특별하다. 잔 속의 모든 재료를 고루 섞은 뒤, 담백한 비스킷(크래커)으로 살짝 찍어 한 입 베어 물어보자. 바삭한 식감 뒤로 밀려오는 말차의 쌉쌀함과 요거트의 고소함, 자두의 달콤함이 어우러지며 입안 가득 찬란한 봄의 에너지를 선사할 것이다.

## The 3 _

녹차 칵테일 **신선한 생명력을 담은 비산화차**

티 마스터 _ **박정숙**

## INGREDIENTS _

**Base** 하동 녹차 4g.
**Liquid**(바디) 말차(일본우지), 생크림, 우유 30ml.
**Syrup**(풍미첨가제) 하동 녹차시럽 40ml.
**Garnish** 애플민트.
**Glass** 로누드볼 칵테일 글라스.
**기법** 플로트Float, 셰이크Shake.

# Evergreen

### 레서피 _

칠링한 하동 녹차시럽 40ml를 넣는다.
큐빅 얼음을 글라스에 70% 정도 넣는다.
식혀 놓은 찻물 100ml를 넣는다.
(80℃의 물 120ml에 녹차 4g을 넣고
3분 동안 우린다.)
우유 10ml, 생크림 20ml에
말차 1g을 넣어 거품을 낸다.
말차 거품을 얹는다
애플민트로 가니시한다.

'에버그린Evergreen'은 하동 용강마을 작목반원들의 정성 어린 손길로 탄생한 세작細雀을 주인공으로 한다. 이른 봄, 갓 돋아난 어린 찻잎을 직접 덖어 만든 이 녹차는 그 생김새만큼이나 여리고 우아하다. 작고 가느다란 잎사귀 속에 담긴 부드럽고 풋풋한 향은 은은한 물결처럼 번지며 잔의 베이스를 탄탄하게 지탱한다.

이 음료는 그 찰나의 시간들을 한 잔의 잔 속에 다시 불러 모은다. 성숙한 말차가 여린 세작을 제 품에 포근히 안으며, 흩어졌던 계절들이 만나 비로소 찬란하게 빛나는 티 믹솔로지가 완성된다. 이 어우러짐을 마주하고 있으면 수잔 잭스Susan Jacks의 명곡 '에버그린(Evergreen)'의 선율이 귓가를 맴도는 듯하다.

**"영원한 사랑은 모든 계절을 거쳐도 변치 않고 지속된다. 마치 늘 푸른 나무처럼, 어떤 시련 속에서도 계속해서 빛을 발할 것이다."**

노랫말처럼 변치 않는 사랑의 가치를 미각으로 구현하기 위해 정교한 층을 쌓았다. 잔의 가장 밑바닥에는 기분 좋은 에너지를 선사하는 달콤한 녹차 시럽을 깔고, 그 위로 하동의 자연이 빚은 세작 우림차를 채운다. 마지막으로 그 위를 장식하는 것은 쌉쌀하면서도 구름처럼 부드러운 말차 거품(Foam)이다.

한 입 머금으면 맑은 녹차의 청량함과 진한 말차의 무게감이 동시에 밀려오며 입안 가득 숲의 향기를 전한다. 하동 용강마을의 풋풋한 세작과 말차의 깊이가 만난 이 조화는, 시간이 흘러도 변하지 않는 본질적인 아름다움을 증명한다.

세상이 빠르게 변하고 계절이 옷을 갈아입어도, 당신의 곁에서 늘 푸른 나무처럼 자리를 지켜줄 한 잔의 위로. '에버그린'은 단순히 목을 축이는 음료를 넘어, 모든 시련을 견디며 빛을 발하는 영원한 사랑의 고백과도 같은 차다.

# Waiting
# For

## 기다림

**The 3 _**

녹차 칵테일 신선한 생명력을 담은 비산화차

티 마스터 _ **이계자**

**레서피 _**

제주 녹차 5g을 80℃의 물에 3분간 우린다.
우린 찻물은 식힌다.
차가 준비되는 동안 잔에 얼음을 넣어 칠링한다.
칠링 된 글라스에 계화꽃 시럽 25~30ml를 넣고
70% 정도의 얼음으로 채운다.
녹차 가루로 만들어 놓은 꽃 모양, 사각 모양 양갱을
가니시로 올린다. 찻물을 붓는다.

티 믹솔로지 '기다림(Waiting For)'은 제주의 싱그러움을 머금은 녹차와 만 리를 가는 계화꽃(Osmanthus)의 향기, 그리고 달콤한 말차 양갱이 어우러져 입안 가득 머무는 향취로 기다림의 시간을 위로하는 음료다.

온화한 기후와 비옥한 화산 토양, 그리고 맑은 바람이 빚어낸 제주 녹차는 그 자체로 제주의 자연을 응축한 결정체다. 특히 하늘 아래 끝없이 펼쳐진 유기농 차밭에서 정성껏 키워낸 어린 찻잎은 본연의 순수하고 깔끔한 맛을 자랑한다. 이 부드러운 녹차 베이스에 제주 말차로 빚은 양갱을 곁들이는 것은, 서로의 맛을 보완하며 완벽한 균형을 이루는 가장 현대적이고 감각적인 만남이라 할 수 있다.

여기에 '만리향'이라 불리는 계화꽃을 더해 깊이를 더했다. 우아함과 풍요를 상징하는 계화꽃의 달콤하고 은은한 향은 시럽의 형태로 녹차와 만나, 기존 녹차에서는 느낄 수 없었던 차별화된 향의 궤적을 선사한다. 바쁜 일상을 살아가는 현대인들에게 이 한 잔은 제주 다원의 정취를 고스란히 느낄 수 있는 아주 특별한 선물이 된다. 제주 녹차의 쌉쌀함은 곁들이는 티푸드에 따라 그 매력이 배가된다. 말차 양갱은 물론, 녹차 화과자, 유자 마들렌, 녹차 크럼블 쿠키처럼 '쌉쌀함과 달콤함'이 공존하는 디저트들은 제주 녹차와 더할 나위 없는 조화를 이룬다. 기다림의 무게에 지쳐 있을 나 자신에게 계화 향 가득한 차 한 잔과 달콤한 양갱 조각을 건네보자. 잔에서 피어오르는 위안의 향기가 멀리 퍼져나갈 때, 지루했던 기다림의 시간은 어느덧 깊은 깨달음으로 변모한다. 오늘 머금은 이 향기는 당신이 다시 기분 좋게 내일을 기다릴 수 있게 해주는 '내일의 향기'가 되어줄 것이다.

녹차 칵테일 **신선한 생명력을 담은 비산화차**

티 마스터 _ **조영아**

뱅쇼는 반드시 레드 와인이어야 할까? 그 고정관념의 틀을 허물고, 화이트 와인의 청량함과 녹차의 신선함을 한데 담은 '녹차 화이트 뱅쇼'를 소개한다. 이 음료는 서릿발보다 더 희끗해진 연세에도 부담 없이 즐길 수 있는 티 칵테일을 만들고 싶다는 간절한 마음에서 시작되었다. 봄날의 녹차밭보다 더 푸르렀던 시절, 자식들을 키우느라 뙤약볕 내리쬐는 여름날에도 미지근한 물 한 잔으로 거친 숨을 달래셨던 우리들의 부모님. 이제는 세월의 무게에 눌려 시원한 음료 한 잔조차 조심스러울 만큼 노쇠해지셨고, 평생 술이라곤 투박한 막걸리만 아셨던 아버지에게도 이국적이면서도 친숙한 맛을 선물하고 싶었다.

녹차 화이트 뱅쇼는 화이트 와인에 정갈한 한방 재료를 넣어 은근하게 끓여낸 뒤, 알코올을 날려 보내고 그 자리에 녹차의 생명력을 채워 넣은 논알코올 티 칵테일이다. 한방 재료가 주는 깊고 건강한 풍미는 이국적인 향기와 어우러져 맛의 품격을 높이고, 여기에 더해진 녹차는 더할 나위 없는 초록의 청량함과 신선함을 선사한다.

입안에 머무는 부드러운 산미와 은은한 약재의 잔향은 연로하신 부모님의 기력을 북돋우기에 충분하다. 차가운 얼음보다는 상온의 시원함으로, 혹은 따뜻한 온기로 정성을 담아 내어드리는 이 한 잔. 헌신으로 일생을 채워온 세상의 모든 부모님께, 감사의 마음을 담은 이 '푸른 위로'를 바친다.

녹차 화이트 뱅쇼

# Green tea White
# Vin chaud

# Breeze 브리즈

**The 3 _**

녹차 칵테일 신선한 생명력을 담은 비산화차

티 마스터 _ **최선주**

## INGREDIENTS _

**Base** 하동 세작 녹차 5g 냉침.
**Liquid**(바디) 찻물 120ml.
**Syrup**(풍미첨가제) 샤인 머스캣 에이드 베이스 60ml, 멜론시럽 30ml.
**Garnish** 청포도 베이스 츄팡.
**Glass** 콜린스 글라스.
**기법** 스터링Stiring.

## 레서피 _

세작 5g을 200ml에 넣고 12시간 냉침을 한다.
글라스에 얼음을 채운후, 찻물 120ml 샤이머스켓 베이스 60ml,
멜론시럽 30ml을 넣는다. 츄팡의 포도 알알이와 라임 슬라이스,
타임을 옆으로 올려 장식한다.

하동 녹차의 맑은 숨결을 아이스 음료로 빚어낸 '브리즈 Breeze'는 이름처럼 상쾌한 바람의 기억을 담고 있다. 이 음료의 베이스는 곡우穀雨 무렵, 우전雨前의 뒤를 이어 돋아난 새순으로 만든 세작細雀이다.

내게 차의 참된 미학을 처음 일깨워준 것 역시 이 세작이었다. 하동 연우제다의 손길로 완성된 세작은 특유의 은은한 구수함과 단맛이 어우러져 지친 몸을 따뜻하게 감싸주었고, 마치 병든 몸과 마음을 치유하는 듯한 평온함을 선사해 주었다. 이제 그 맑고 고귀한 풍미를 현대적인 감각의 아이스티로 재해석해 보고자 한다.

'브리즈'는 샤인머스캣의 우아한 달콤함과 신선한 라임의 산미가 더해져, 봄날의 싱그러운 대지를 입안 가득 펼쳐 놓는다. 여기에 입안에서 '톡' 하고 터지는 팝핑보바Popping Boba의 포도 알갱이를 더했다. 투명한 알갱이가 터지며 뿜어내는 상큼한 과즙은 녹차의 여운과 절묘하게 어우러져, 마치 살결을 스치는 청량한 바람처럼 감각을 깨운다.

하동의 어린 찻잎이 지닌, 부드럽고 은은한 맛에 샤인머스캣의 풍미가 녹아든 이 음료는 맑고 산뜻한 연두빛 수색으로 눈을 먼저 즐겁게 한다. 한여름의 무더위를 단번에 식혀줄 서늘한 바람을 연상시키는 맛. 더운 날, 일상의 환기가 필요한 순간에 즐기는 '브리즈' 한 잔은 당신의 하루에 가장 싱그러운 쉼표가 되어줄 것이다.

INGREDIENTS _

**Base** 하동 녹차 5g.
**Liquid**(바디) 꽃얼음 150g, 찻물 100ml.
**Syrup**(풍미첨가제) 매화꽃청 50ml.
**Glass** 와인 글라스.
**기법** 빌드Build.

레서피 _

하동 녹차 5g을 3분간 우려내고 식혀줍니다.
글라스 바닥에 매화꽃청 50ml를 부어줍니다.
준비된 꽃얼음 150g을 넣어줍니다.
찻물 100ml를 부어 완성합니다.

**The 3** _

녹차 칵테일 **신선한 생명력을 담은 비산화차**
티 마스터 _ **최은환**

# Blossom of Tea Garden

'블러썸Blossom'은 어느 봄날, 한반도 차 시배지인 하동의 푸른 차밭과 그 곁에 흐드러지게 핀 매화꽃을 바라보며 빠져들었던 몽환적인 상상에서 시작되었다.

녹차는 6대 다류 중 산화를 억제한 대표적인 비산화차다. 산화 과정을 거치지 않기에 찻잎 본연의 생생한 빛깔과 영양소가 고스란히 보존된다는 매력이 있다. 올봄, 하동의 뜨거운 열기 속에서 진땀을 흘려가며 직접 아홉 번 덖고 아홉 번 말려 완성한 '구증구포'의 하동 녹차를 조심스레 꺼내어 본다.

봄의 전령사라 불리는 매화는 봄날의 녹차 밭과 더없이 근사한 조화를 이룬다. 하동 녹차의 싱그러움이 새로운 출발을 알리는 신호탄이라면, 순백의 매화꽃은 마치 설레는 신부의 웨딩드레스를 연상시킨다. 그 순수하고 사랑스러운 느낌을 담아, 두려움보다는 설렘과 용기를 갖고 인생의 새로운 막을 여는 모든 이들에게 이 차를 추천하고 싶다.

녹차의 산뜻한 풀 내음과 매화꽃청의 화려한 향기, 그리고 그 뒤를 잇는 달큰함은 새로운 시작을 앞둔 이들에게 따뜻한 에너지와 희망을 불어넣어 줄 것이다.

잔 속에는 특별한 공을 들였다. 끓인 물을 식혀 투명함을 더한 뒤, 그 안에 매화꽃을 넣어 얼린 '꽃얼음'을 띄운다. 차가 서서히 우러나며 얼음 속 매화가 피어날 때, 당신은 푸른 차밭과 흐드러진 매화나무 사이를 거니는 황홀한 환상 속에서 가장 향기로운 휴식을 맛보게 될 것이다.

우리나라 전통차의 역사에서 김해의 '장군차'는 가장 신비
롭고도 강인한 서사를 품고 있다. 아득한 바닷길을 건너 가
락국의 김수로왕에게 시집온 인도 아유타국의 공주, 허황
옥. 그녀가 가슴에 품고 온 차 씨앗은 단순한 식물이 아니라
고향의 향수이자 두 나라를 잇는 평화의 상징이었다.

세월이 흘러 고려 충렬왕은 김해 금강사에 자생하던 이 차
나무를 마주하게 된다. 차의 높은 기개와 맛에 감탄한 왕
은 "차 맛이 흡사 기개 높은 장군과 같다"며 '장군將軍'이라
는 칭호를 내렸고, 이때부터 장군차는 이름만으로도 범접
할 수 없는 품격을 지니게 되었다. 들찔레꽃을 닮은 싱그러
운 향과 마신 뒤 입안에 감도는 달콤한 감칠맛은 장군차만
이 가진 독보적인 미학이다. '가야황옥'은 이 위대한 역사
적 배경 위에 현대적 감각의 특별함을 얹어 탄생한 티 칵
테일이다. 이 음료의 영감은 가야국의 시조이자 이름 자체
로 보석을 뜻하는 '허황옥(黃玉)'에게서 시작되었다. 왕실
에서 가장 고귀하게 여겨졌던 보석인 토파즈(Topaz), 즉
황옥의 찬란한 빛깔을 표현하기 위해 정성스럽게 달인 오
렌지청을 가미했다.

단순히 단맛을 더하는 것이 아니라, 장군차 특유의 묵직하
고 깊은 풍미를 해치지 않으면서도 상큼하고 우아한 오렌
지의 산미가 조화를 이루도록 설계되었다. 이는 마치 전통
이라는 견고한 바탕 위에 현대라는 화려한 꽃을 피워내는
과정과도 같다. 오감을 깨우는 감각의 향연, 잔을 코끝으로
가져가면 가장 먼저 들찔레꽃 향기 같은 청량한 차 향이 마
음을 정화해 준다.

**The 3 _**

녹차 칵테일 **신선한 생명력을 담은 비산화차**

티 마스터 _ **홍정순**

# Gaya topaz Imperial

## 가야 황옥 임페리얼

눈으로는 토파즈 보석을 투명하게 녹여낸 듯, 잔 속에서 일렁이는 찬란한 연노랑의 수색을 즐길 수 있다. 첫 모금을 머금으면 오렌지청의 상큼함이 입안을 깨우고, 이어지는 장군차의 중후한 바디감이 목을 타고 부드럽게 넘어간다. 그리고 마지막 순간, 혀끝에 남는 달콤한 감칠맛의 여운은 당신을 서기 48년 가야 왕실의 어느 오후로 안내할 것이다.

전통과 현대, 동양과 서양, 그리고 역사와 미각이 어우러진 '가야황옥'. 아주 특별한 어느 하루, 당신의 시간을 고귀하게 만들어 줄 가야 왕실의 향기에 깊이 취해보시길 바란다.

## INGREDIENTS

**Base** 녹차(장군차) 2g.
**Liquid**(바디) 오렌즈 쥬스 20ml, 찻물 100ml.
**Syrup**(풍미첨가제) 오렌지 시럽10ml.
**Garnish** 감귤 슬라이스, 애플민트.
**Glass** 와인 글라스 280ml .
**기법** 블랜드.

## 레서피

녹차 2g을 냉침법으로 10시간 우린다.
오렌지 쥬스와 시럽을 넣고 섞는다.
얼음을 채우고 우린 찻물을 얼음 위에 붓는다.
감귤 슬라이스와 애플민트로 장식한다.

# Tea
# mixology

non-alcoholic

# 4;

청차Oolong tea 티 칵테일

'지배적인 아로마'의 우아함

# 청차 Oolong tea 칵테일

청차는 녹차의 산뜻한 생명력과 홍차의 깊고 그윽한 풍미 그 중간 어딘가에
위치한 부분 산화차이다. 녹차와 홍차의 제다 공법 중 장점만을 취해 완성한
차라 할 수 있다. 산화도는 제조 방식에 따라 약 15%에서 70% 사이를 오
가며, 이 넓은 스펙트럼 덕분에 반발효차 혹은 중간 발효차라는 독특한 영역
을 구축한다. 흔히 '오롱차(우롱차)'라고 불리는데, 이는 찻잎의 모양이 까마
귀鳥처럼 검고 용龍처럼 구부러져 있다는 형상에서 유래했다.

청차의 주산지는 중국 남부의 푸젠성과 광동성, 그리고 타이완이다. 산화도
가 낮아 꽃향기가 선명한 것을 '청향淸香', 산화도를 높이거나 숯불 등으로 로
스팅하여 묵직한 풍미를 낸 것을 '농향濃香' 혹은 '숙향熟香'이라 부른다. 찻
물을 우려내면 연녹색에서부터 엷은 황색, 진한 오렌지빛에 이르기까지 다채
로운 수색이 펼쳐지며, 그 안에는 난초 향, 열대 과일 향, 고소한 견과류, 달
콤한 꿀, 심지어 부드러운 우유 향까지 매우 복합적이고 독특한 아로마가 응
축되어 있다. 이러한 향미의 다양성은 청차를 티 칵테일 분야에서 가장 매력
적인 베이스로 손꼽히게 만든다.

청차 고유의 복합적인 향을 온전히 끌어내기 위해서는 온도의 조절이 핵심이
다. 90℃에서 95℃ 사이의 높은 온도의 물을 사용하여 찻잎이 품은 향기 성
분을 빠르게 휘발시켜야 한다.

또한 청차는 여러 번 우려낼수록 층층이 쌓인 맛이 차례로 드러나는 차이다. 첫물에서는 화사한 꽃향기를, 두 번째와 세 번째 물에서는 묵직한 바디감과 감칠맛을 즐기는 식으로 5~7회 이상 반복 추출하며 그 변화를 탐닉하는 것이 정석이다.

무알코올 티 칵테일 베이스로서의 장단점 청차는 무알코올 티 칵테일을 설계할 때 전문가들이 가장 선호하는 재료 중 하나다.

가장 큰 강점은 '지배적인 아로마'다. 탄산수나 과일시럽과 섞여도 차의 향이 쉽게 죽지 않고 음료 전체의 골격을 단단하게 잡아준다. 특히 우롱차 특유의 미세한 떫은맛(탄닌)은 알코올이 빠진 자리에 술과 유사한 무게감과 질감을 부여하여 음료의 완성도를 높인다.

단점은 향이 워낙 강력하고 개성이 뚜렷하기 때문에, 부재료와의 비율이 맞지 않으면 차 맛만 지나치게 도드라지거나 반대로 부재료의 섬세한 향을 가려버릴 위험이 있다. 또한 농향 우롱의 경우 자칫 음료가 지나치게 무겁거나 텁텁해질 수 있어 정교한 여과 과정이 필요하다.

청차 무알코올 티 칵테일을 위한 전문가의 팁, 성공적인 청차 칵테일을 위해서는 차의 성격에 맞는 부재료 선정이 중요하다. 문산포종이나 아리산 우롱 같은 산화도가 낮은 청향 계열은 청포도, 라임, 민트와 같은 시트러스 계열과 매칭했을 때 시너지가 난다. 반면 대홍포나 목책철관음 같은 농향 계열은 시나몬, 바닐라, 흑당, 혹은 진한 베리류와 만났을 때 마치 위스키 베이스의 칵테일과 같은 중후한 멋을 낸다.

특히 청차를 우려낼 때 약간의 소금을 첨가하거나, 시럽 대신 과일 자체를 으깨어 넣는 '머들링(Muddling)' 기법을 활용해 보자. 청차의 복합적인 향미가 과일의 과즙과 엉겨 붙으며 입안 가득 긴 여운을 남기는 프리미엄 논알콜 음료로 거듭날 것이다. 청차가 보여주는 무궁무진한 변주는 당신의 찻잔을 가장 현대적이고 매혹적인 실험실로 바꾸어 놓기에 충분하다.

**The 4 _**

청차Oolong tea 칵테일 **'지배적인 아로마'의 우아함**

# Blue Apple Tree Bird

**The 4** _

청차Oolong tea 칵테일 '지배적인 아로마'의 우아함

티 마스터 _ **강미희**

## INGREDIENTS _

**Base** 하동 연우제다 '청송차' 5g.
**Liquid**(바디) 찻물 120ml.
**Syrup**(풍미첨가제) 레몬즙 10ml, 사탕수수시럽 15ml, 그린 민트 시럽 15ml.
**Garnish** 애플민트.
**Glass** 칵테일 글라스.
**기법** 셰이크Shake.

## 레서피 _

글라스를 냉장고에 넣어 칠링 해둔다.
셰이커에 얼음을 2/3 채운 뒤, 찻물, 사탕수수시럽,
민트시럽, 레몬즙 순으로 계량해 넣은 뒤 셰이킹한다.
셰이커의 음료를 글라스에 붓는다.
애플민트 잎으로 가니시한다.

여름의 초입, 풋풋한 여름 사과를 한입 크게 베어 물었을 때 터져 나오는 상큼한 과즙과 기분 좋은 단맛을 기억하는가. 우리는 그 찰나의 청량함과 청차(靑茶) 특유의 맑고 깨끗한 풍미가 이루는 완벽한 조화에 주목했다. 차의 세계에서 색은 곧 생명력의 지표다. 본래 건강한 찻잎일수록 그 빛깔이 투명하리만치 밝고 선명하며, 뜨거운 여름 햇살을 온몸으로 머금고 자란 잎일수록 깊고 농익은 초록빛을 머금기 마련이다.

지리산 자락, 하동 연우제다에서 정성으로 길러낸 '청송차'는 이러한 자연의 이치를 고스란히 담고 있다. 찻잎마다 짙게 감도는 초록빛 위로 흐르는 은은한 윤기는, 보는 이로 하여금 깊은 계곡의 서늘함을 떠올리게 한다. 특히 청송차는 우리 차 문화에서 보기 드문 한국형 반발효차로, 발효 과정에서 피어난 깊은 감칠맛과 청차의 산뜻함이 공존하는 묘미를 여실히 보여준다.

이 한 잔의 차를 마시는 경험은 단순히 음료를 즐기는 것을 넘어, 조선시대를 대표하는 푸른 숲의 기록인 〈일월오봉도(日月伍峰圖)〉 속으로 걸어 들어가는 것과 같다. 병풍 속 끝없이 펼쳐진 울창한 소나무 숲과 그 위를 자유롭게 가로지르는 새의 활기찬 기운을 떠올려보자. 여기에 더해진 한 스푼의 그린민트 시럽은 마치 우거진 숲길을 산책할 때 느껴지는 서늘한 바람처럼 당신의 감각을 깨워줄 것이다.

여기에 탱글한 식감의 사과 푸딩 젤리가 곁들여지면 미식의 경험은 정점에 달한다. 부드럽게 씹히는 젤리와 청량한 차의 질감이 입안 가득 어우러지는 순간, 평범했던 오후는 특별한 계절의 장면으로 탈바꿈한다. 시각과 후각, 그리고 미각을 모두 깨우는 이 한 잔은, 무더운 여름날 당신의 기억 속에 가장 선명하고 푸른 쉼표로 남게 될 것이다.

# Dreaming
# pink

**The 4** _

청차Oolong tea 칵테일 '지배적인 아로마'의 우아함

티 마스터 _ **김선정**

## INGREDIENTS _

**Base** 동방미인 8g.
**Liquid**(바디) 찻물 200ml.
**Syrup**(풍미첨가제) 히비스커스 시럽 30ml, 레몬 주스 10ml.
**Garnish** 레몬.
**Glass** 고블렛.
**기법** 셰이크Shake.

## 레서피 _

동방미인 찻잎 8g을 80℃의 물 300ml에 3분간 우린 후 차갑게 식힌다.
셰이커에 차갑게 식힌 동방미인 차 200ml, 히비스커스 시럽 30ml,
레몬 주스 10ml, 얼음 100g을 넣고 셰이킹 한다.
셰이킹된 거품과 음료를 글라스에 함께 따른다.

인생의 어떤 특별한 순간, 우리는 그 찰나의 시간을 더욱 찬란하게 완성해 줄 마법 같은 매개체를 갈망하곤 한다. 특히 소중한 인연들이 한자리에 모이는 파티나 정성스러운 티타임에서 가장 공을 들여야 할 대목은 단연 '첫인상'이다. 파티의 문을 여는 첫 번째 잔이 선사하는 기분 좋은 환대는 그날의 분위기를 결정짓는 중요한 열쇠가 되기 때문이다. '드리밍 핑크(Dreaming Pink)'는 바로 그 마법 같은 순간을 위해 세심하게 설계된, 완벽한 웰컴 드링크다.

이 한 잔의 음료를 완성하는 과정은 마치 하나의 예술 작품을 빚어내는 것과 같다. 매혹적인 붉은 빛을 머금은 새콤한 히비스커스와 '찻잎의 귀부인'이라 불리는 전설적인 풍미의 동방미인(東方美人)을 셰이커에 담아 힘차게 흔든다. 차가운 얼음과 찻물이 부딪히며 만들어내는 경쾌한 소리는 축제의 시작을 알리는 전주곡과도 같다. 셰이킹을 거쳐 잔에 따르는 순간, 음료 위로는 맥주처럼 조밀하고 밀도 높은 거품이 층을 이룬다. 이 눈부신 거품은 시각적인 즐거움을 넘어, 입술 끝에 닿는 순간 벨벳처럼 부드러운 질감을 선사하며 음료의 풍미를 한층 풍성하고 고급스럽게 감싸 안는다.

맛의 층위 또한 정교하다. 동방미인 차 특유의 농익은 과일 향과 꿀처럼 깊은 베이스가 중심을 잡으면, 그 위로 히비스커스 시럽의 화려하고 정열적인 색채가 수놓아지며 시각과 미각을 동시에 매료시킨다. 여기에 마지막 점을 찍듯 퍼지는 레몬의 상큼한 시트러스 향은 자칫 무거울 수 있는 차의 무게감을 덜어내며 잠들어 있던 오감을 산뜻하게 깨운다.

화려한 색감과 섬세한 거품, 그리고 깊이 있는 향미까지. 소중한 행사의 첫 번째 주인공으로서 '드리밍 핑크'는 잔을 든 모든 이들에게 잊지 못할 강렬하고도 우아한 인상을 남길 것이다. 당신이 준비한 소중한 자리는 이 핑크빛 꿈결 같은 한 잔을 통해 비로소 완벽한 시작을 맞이하게 된다.

# 시나청 U

## INGREDIENTS _

**Base** 장평수선 3g.
**Liquid**(바디) 탄산수 300ml, 찻물 100ml.
**Syrup**(풍미첨가제) 유자청 40ml.
**Garnish** 시나몬, 민트.
**Glass** 하이볼 글라스.
**기법** 플로트Float.


## 레서피 _

장평수선 3g을 티팟에 넣고 끓인 물 150ml에 5분간 강하게 우린 후 식힌다.
글라스에 유자청 40ml를 넣은 후 얼음을 가득 채운다.
찻물을 100ml를 붓고 나머지는 탄산수로 채운다.
시나몬과 민트로 장식한다.

## The 4 _

청차Oolong tea 칵테일 '**지배적인 아로마**'의 우아함

티 마스터 _ **김수연**

'시나청U(시나몬 · 청차 · 유자청)'는 단순히 갈증을 해소하는 음료를 넘어, 자연이 빚어낸 청량감을 한 잔의 예술로 승화시킨 결과물이다. 청차 특유의 맑고 산뜻한 바탕 위에 유자의 달콤쌉싸름한 풍미가 겹쳐지며, 입안 가득 숲의 서늘한 기운을 전한다. 이 특별한 조화의 중심에는 중국 복건성 장평(漳平) 지역에서 수선 품종으로 정성껏 빚어낸 귀한 청차, '장평수선(漳平水仙)'이 자리하고 있다.

장평수선은 그 존재 자체로 차의 역사에서 독보적인 위치를 차지한다. 우리가 흔히 접하는 안계철관음이 찻잎을 동글동글하게 말아낸 산차(散茶)의 형태를 띤다면, 장평수선은 단단하게 눌러 만든 정사각형의 떡차(餠茶) 형태라는 점이 매우 이색적이다. 약 8g 내외의 찻잎 덩어리가 하나하나 하얀 종이에 정성스레 싸여 있는 모습은, 마치 소중한 이의 건강을 기원하며 정갈하게 지어 올린 '한 첩의 보약'을 마주하는 듯한 경건함마저 느끼게 한다.

실제로 장평수선은 수많은 오룡차류 중에서도 유일하게 형태를 눌러 만든 긴압차(緊壓茶)로 알려져 그 희소성이 높다. 차를 우려내면 그 향기는 안계철관음보다 한층 강렬하고 명징하게 피어오르며 공간을 채운다.

차를 삼킨 뒤 입안에 은은하게 맴도는 단맛인 '회감(回甘)' 역시 일품인데, 이는 긴 시간 동안 차를 즐기게 만드는 가장 큰 매력이기도 하다.

차의 생명력은 우려내고 남은 찻잎인 '엽저'에서도 증명된다. 장평수선의 엽저는 이른바 삼홍칠록(三紅七綠)의 정석을 보여준다. 찻잎의 30%는 붉은빛을 띠고 나머지 70%는 푸른 녹색을 유지하는 이 신비로운 조화는, 적절한 산화 과정을 거친 청차만이 가질 수 있는 훈장과도 같다. 그 잎들 사이에는 우아한 꽃향기가 밀도 있게 숨어 있어, 잔을 비운 후에도 코끝에 머무는 여운이 길다. 시각적인 즐거움 또한 빼놓을 수 없다. 청향형(淸香型) 장평수선이 내보이는 투명하고 맑은 황금빛 탕색은 유자의 진한 황금빛과 만나 완벽한 그라데이션을 이룬다. 여기에 톡 쏘는 탄산의 기포가 더해지는 순간, 황금빛 액체는 생동감을 얻으며 시각과 미각을 동시에 매료시킨다. 시나몬의 은은한 스파이시함이 마지막 터치를 더하며 완성되는 이 한 잔은, 지친 일상에 건네는 가장 화려하고도 청량한 위로가 될 것이다.

# Lotus
## Garden tea

연꽃 정원

**The 4** _

청차Oolong tea 칵테일 **'지배적인 아로마'**의 우아함

티 마스터 _ **김종분**

진흙이라는 척박한 현실 속에서도 결코 고고한 자태를 잃지 않는 연꽃은, 자신의 생애 전부를 우리에게 아낌없는 선물로 내어준다. 수면 아래 감춰진 뿌리부터 수면 위로 밀어 올린 단단한 줄기, 그리고 마침내 피워낸 화사한 꽃잎에 이르기까지 연꽃의 생은 곧 온전한 헌신이다. 이와 닮은 꼴을 차(茶)의 세계에서 찾는다면 단연 '철관음(鐵觀音)'일 것이다. 뜨거운 가마솥 안에서 굴려지고 비벼지며, 온몸에 새겨진 상처를 견디고 동글동글하게 말린 찻잎은 그 고통의 흔적을 비장한 향기로 증명해 낸다. 철관음은 예부터 '일곱 번을 우려내도 여전히 그 향이 남아있다' 하여 칠포유여향(七泡有餘香)이라는 이름으로 칭송받아 왔다. 이는 단순히 향의 지속성을 말하는 것이 아니라, 거듭되는 뜨거운 시련(우려냄) 속에서도 굴하지 않는 끈질긴 생명력과 깊은 풍미를 상징한다.

여기에 마음을 안온하게 다스리고 지친 몸을 가볍게 비워주는 연꽃차가 합을 이룬다. 연꽃은 탁한 곳에 뿌리를 두되 결코 그 더러움에 물들지 않는 '처염상정(處染常淨)'의 상징이다. 그 성질이 온화하고 독이 없어, 불안에 흔들리는 현대인의 심신을 차분하게 가라앉히는 데 특효가 있다. 강인한 철관음과 유연한 연꽃, 이 둘의 만남은 맑으면서도 두터운 수색과 향, 그리고 묵직한 미감(味感)으로 승화하여 마시는 이의 가슴속에 깊고 푸른 여운을 각인시킨다.

음료의 이름은 연극 〈연꽃 정원〉의 마지막 장면에서 영감을 얻어 빌려왔다. 무대 위, 진흙 속에 홀로 활짝 피어있던 연꽃을 바라보며 지나간 시간을 추억하고 아쉬움을 달래던 그 쓸쓸하면서도 아름다웠던 엔딩 씬 말이다. 우리는 살아가며 문득 자문하게 된다.

'연꽃 정원' 한 잔을 정성껏 우려내어 음미하는 이 시간만큼은, 그 필멸의 허무를 고요한 반추의 시간으로 바꾸어보자. 뜨거운 찻물 속에서 다시금 피어나는 찻잎처럼, 이제는 현실에 존재하지 않는 그곳, 그 계절의 공기, 그리고 사무치게 그리운 누군가를 떠올려보는 것이다. 사라져 버린 것들은 이 찻잔 속의 향기가 되어 당신의 곁에 머물며, 오늘을 살아갈 새로운 위로를 건넬 것이다.

'청차에 스며들다Tinged with Blue Tea'는 숨 막히는 무더위 속에서 청차靑茶 특유의 향기로 한 번, 눈이 시린 듯한 푸른 빛깔로 또 한 번 갈증을 씻어내 주는 감각적인 티 칵테일이다. 이 음료의 중심을 잡는 것은 중국 저장성에서 자라난 우롱차다. 귀하게 얻은 우롱차를 찻잎 그대로 우려내는 것에 그치지 않고, 마치 말차처럼 곱게 분쇄한 '청차 말차'를 사용하여 찻잎이 가진 본연의 에너지를 더욱 진하고 청량하게 극대화했다.

베이스가 되는 차의 깊이를 완성하는 조연은 우리 땅에서 자란 참다래다. 비타민 C와 식이섬유가 풍부해 현대인의 다이어트와 피로 해소에도 탁월한 참다래를 선별하여, 설탕과 1:1 비율로 정성껏 버무린 뒤 한 달이라는 긴 인고의 시간을 거쳐 다래청을 완성했다.

# Tinged with
# Blue Tea   청차에 스며들다

**The 4** _

청차Oolong tea 칵테일 **'지배적인 아로마'의 우아함**

티 마스터 _ **박정숙**

**Base** 청차 말차 1.5g, 철관음 2g.
**Liquid**(바디) 찻물 200ml.
**Syrup**(풍미첨가제) 카페시럽 50ml.
**Garnish** 참다래 절임 3개.
**Glass** 하이볼.
**기법** 스터Stir.


레서피 _

청차(철관음) 2g을 물(100℃, 200㎖)로 3분간 강하게 우린다.
찻물을 얼음물로 차가워질 때까지 식힌다.
작은 그릇에 청차말차 1.5g을 시럽 10㎖를 부어 풀어준다.
칠링한 글라스에 각얼음을 가득 채우고 찻물 200㎖,
시럽 40㎖를 넣어 잘 저어준다
음료 중간중간 꿀에 절였던 참다래 3개를 가니시로 넣어준다.
음료 글라스에 작은 그릇에 만들어둔
청차 말차 시럽을 붓고 마무리한다.

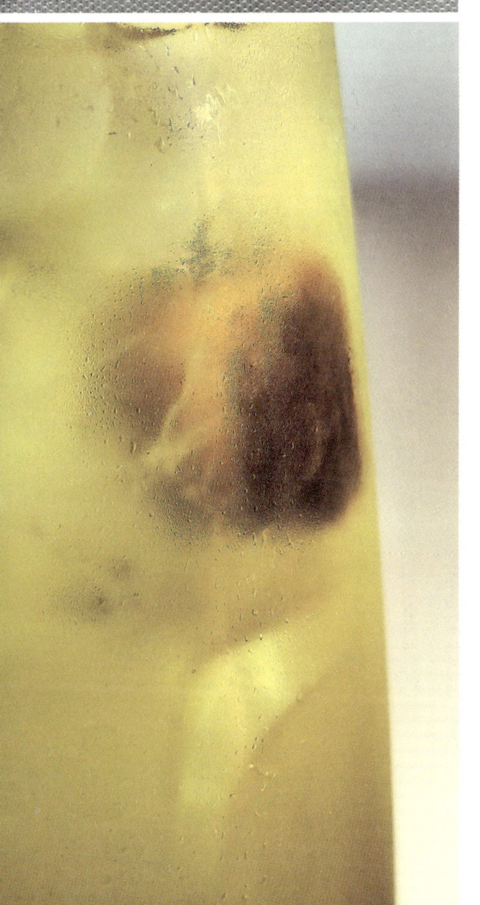

오랜 숙성 과정을 통해 참다래의 산미는 부드러워지고 달콤함은 한층 깊어져 음료의 풍미를 결정짓는 핵심적인 요소가 된다.
음료를 마시는 내내 입안으로 들어오는 참다래 조각은 씹을 때마다 톡톡 터지는 새콤함과 달콤함을 동시에 선사하며 미각의 즐거움을 깨운다. 특히 청아하게 우려낸 철관음에 푸른 청차 말차가 섞이며 만들어내는 오묘한 빛깔은 보는 것만으로도 온도를 낮추는 시각적 쾌감을 준다. 잘 숙성된 다래청을 음료의 가니시로 곁들여 마지막 한 모금까지 풍성한 식감을 살린 이 한 잔은, 무더운 여름날 지친 당신의 눈과 코, 그리고 입을 모두 만족시킬 완벽하고도 향기로운 휴식이 될 것이다.

# blueberry
# Oolong Tea

## 블루베리 오롱차

**레서피** _

칠링한 글라스에 블루베리청 10ml를 넣는다.
오롱차 시럽 15ml를 넣는다.
글라스에 70% 정도 채운다.
생 블루베리 6알을 넣는다.
동정오롱차 100ml를 넣는다.
(90℃의 물 110ml에 동정오롱 4g을 넣고
3분 우려 식힌다.)
레몬 슬라이스로 가니시한다.

**The 4** _

청차Oolong tea 칵테일 '지배적인 아로마'의 우아함
티 마스터 _ 신순규

'블루베리 오롱'은 홍배烘焙 특유의 그윽한 불내음이 매력적인 동정오롱을 베이스로, 기분 좋은 달콤함을 머금은 블루베리를 더해 묵직한 스모키함과 과실의 싱그러움이 완벽한 대조와 조화를 이루는 티 칵테일이다. 이 한 잔에는 단순히 맛의 결합을 넘어, 대만의 깊은 산세가 품은 시간과 대를 이어온 장인의 고집스러운 철학이 고스란히 녹아들어 있다.

음료의 본질을 이루는 동정오롱凍頂烏龍은 대만을 상징하는 우롱차의 대명사로, 중부 남투현의 동정산 일대에서 그 생명력을 얻는다. 특히 해발 1,000m 이상의 고지대인 록곡鹿谷 지역은 이 차의 고귀한 풍미를 결정짓는 천혜의 요람이다. 짙게 깔린 안개와 극심한 일교차라는 혹독한 환경 속에서 차나무는 스스로를 보호하기 위해 느리게, 아주 천천히 자라난다. 이 인고의 시간 덕분에 찻잎은 그 어느 곳의 차보다 깊고 농밀한 향과 응축된 맛을 품게 되는 것이다.

**"좋은 차는 사람이 만드는 것이 아니라,
오직 하늘이 만드는 것이다."**

그는 용안나무 숯을 사용하여 직접 불을 지피고, 불의 기운을 찻잎에 입히는 고된 과정을 고수한다. 불의 온도를 온몸으로 느끼며 시간과 정성을 쏟아붓는 그의 손길은 차에 생명력을 불어넣는 숭고한 의식과도 같다. 이처럼 장인의 헌신적인 손끝에서 탄생한 전통 홍배 동정오롱 시럽에 현대적인 감각의 블루베리청을 섬세하게 배합했다. 2023년 1월, 대만 남투현 록곡의 서늘하고 맑은 기운을 머금고 수확된 이 차는, 불내음 가득한 농밀한 텍스처를 선사하며 입안 가득 긴 여운을 남긴다. 블루베리의 짙은 보랏빛은 동정오롱의 황금빛 수색과 만나 시각적인 즐거움을 선사하고, 첫 모금에서 느껴지는 스모키한 향 뒤로 이어지는 블루베리의 달콤한 반전은 미각의 외연을 넓혀준다. 과거와 현재, 장인의 고집과 현대인의 취향을 잇는 '블루베리 오롱'은 단순히 갈증을 해소하는 음료를 넘어, 한 잔에 담긴 서사를 음미하는 특별한 미식의 경험을 선사할 것이다.

**The 4** _

청차Oolong tea 칵테일 **'지배적인 아로마'의 우아함**

티 마스터 _ **이계자**

'로맨틱 사랑'은 동방미인(東方美人)의 단아한 숨결에 장미의 화려한 고백을 담아낸 티 칵테일이다. 은은한 꽃향기가 감도는 동방미인에 매혹적인 장미시럽을 더하고, 신비로운 푸른 빛의 버터플라이 피(Butterfly Pea)로 장식하여 강렬하면서도 절묘하게 어우러지는 향미의 정점을 선사한다. 이는 동양의 정적인 미학과 서양의 뜨거운 열정이 한 잔의 음료 안에서 교차하며, 시간과 공간을 초월한 로맨틱한 순간을 완성한다.

이 음료의 주인공인 동방미인은 그 이름만큼이나 수많은 이야기를 품고 있다. 찻잎에 하얀 털이 보송보송한 어린 싹이 섞여 있어 '백호오롱(白毫烏龍)'이라 불리기도 하고, 마시는 이에게 복을 가져다준다는 의미에서 '복수차(福壽茶)'라는 별칭도 지녔다. 한때는 그 맛이 너무나 뛰어나 믿기지 않는다는 이유로 허풍이라는 뜻의 '팽풍차(膨風茶)'라 불리기도 했던 이 차는, 우롱차 중에서도 가장 섬세하고 단아한 풍미를 자랑한다. 특히 그윽한 과일 향과 꽃 향이 겹겹이 층을 이루는 맛과 향은 가히 일품이라 할 만하다.

동방미인의 탄생 과정은 한 편의 드라마와 같다. '소록엽선(小綠葉蟬)'이라는 작은 벌레가 찻잎을 갉아먹어야만 특유의 달콤한 꿀 향이 배어 나오기 때문이다. 인위적인 간섭 없이 자연과 벌레, 시간이 함께 빚어내는 유기농 재배 방식은 생산량이 극히 적고 과정 또한 까다롭기로 유명하다. 이러한 희소성과 정성이 차에 깊은 생명력을 불어넣는다. 여기에 사랑과 열정, 그리고 감각적인 경험을 상징하는 장미의 향기를 덧입혔다. 장미는 그 자체로 강렬하고 매혹적인 존재감을 드러내며 음료에 생기를 더한다. 첫 모금에서는 동방미인 특유의 깔끔하고 고결한 차의 본질이 두드러지고, 이어지는 목 넘김 뒤에는 장미의 달콤하고 화사한 여운이 입안 가득 넘실거린다. 한 잔의 차에서 피어나는 꽃과 잎의 복합적인 조화는, 무미건조한 일상 속에서 가장 향기롭고 로맨틱한 사랑의 기억을 소환해 줄 것이다.

로맨틱한 사랑

Romantic love

INGREDIENTS _

Base 동방미인 5g.
Liquid(바디) 찻물 200ml,
버터플라워피 티 10~15ml.
Syrup(풍미첨가제) 장미시럽 40ml.
Glass 고블렛.
기법 빌드Build.

레서피 _

동방미인 5g을 90℃의 물에 5분간 우려내 식힌다.
차가 준비되는 동안 글라스에 얼음을 넣어 칠링한다.
칠링된 글라스에 장미꽃 시럽 40ml를 넣고
얼음을 80% 정도 채운다.
글라스에 찻물 200ml을 붓고 버터플라워피 티10~15ml을
글라스 안쪽 벽에 흐르듯 천천히 붓는다.

INGREDIENTS _

**Base** 대홍포 5g.
**Liquid**(바디) 탄산수 50ml, 토닉 워터 30ml, 찻물 80ml.
**Syrup**(풍미첨가제) 화이트 뱅쇼 30ml.
**Garnish** 애플 민트.
**Glass** 마티니 글라스.
**기법** 빌드Build.

레서피 _

마티니 글라스에 얼음을 넣고 칠링해 둔다.
칠링한 글라스에 식힌 찻물 대홍포 80ml를 붓는다.
화이트 뱅쇼 30ml을 글라스에 넣고 잘 저어준다.
토닉 워터 30ml, 탄산수 50ml를 넣는다.
애플민트로 가니시한다.

# dream of
# Wuyi Mt.

## 무이산의 꿈

**The 4** _

청차Oolong tea 칵테일 '지배적인 아로마'의 우아함

티 마스터 _ **조영아**

'무이산의 꿈Dream of Wuyi Mt.'은 내일의 꿈을 향해 쉼 없이 달려가는 이들에게 건네는 따뜻한 위로이자, 잠시 멈춰 거친 숨을 고르고 싶은 순간을 위한 티 칵테일이다. 이 한 잔의 음료에는 인생을 바꾼 기적의 차라 불리는 '대홍포大紅袍'의 깊고 중후한 서사가 오롯이 담겨 있다.

대홍포에 얽힌 유명한 일화는 한 사람의 간절한 꿈이 이루어지는 순간을 증명한다. 명나라 시절, 장원급제를 꿈꾸며 과거 시험장으로 향하던 한 선비가 무이산을 지나다 갑작스러운 복통으로 쓰러지고 말았다. 그때 천심사의 한 승려가 절벽 위 거친 바위 틈에서 자라난 찻잎을 우려 마시게 했고, 거짓말처럼 선비의 병이 나았다고 전해진다. 이후 장원급제의 영광을 안고 돌아온 선비는 은혜를 갚기 위해 자신이 하사받은 붉은 도포(홍포)를 차나무에 걸쳐 주었고, 그때부터 이 차는 '대홍포'라는 이름을 얻으며 전설이 되었다.

무이산 차밭을 일컫는 말 중 "암암유다岩岩有茶 비암불다非岩不茶"라는 말이 있다. '바위마다 차나무가 있고, 바위가 없으면 차도 없다'라는 뜻처럼, 대홍포는 험준한 바위 틈에서 비바람을 견디며 자라난다. 덕분에 바위의 묵직하고 농후한 기운인 '암골화향岩骨花香'의 암운을 품게 된다. 입안을 감싸는 중후한 맛과 그 뒤에 피어오르는 그윽한 꽃향기의 조화는 가히 청차 중의 최고봉인 '차왕茶王'이라 불릴 만하다.

'무이산의 꿈'은 이처럼 숭고한 차왕의 품격을 베이스로 하여, 고단한 현실 속에서도 자신만의 꿈을 잃지 않는 이들을 위해 탄생했다. 바위를 뚫고 자라난 차나무의 생명력이 당신의 지친 몸과 마음을 어루만져 줄 것이다. 오늘보다 더 빛날 내일을 준비하는 당신에게, 무이산의 깊은 운치와 장원급제의 서사가 깃든 이 시원한 음료를 권하고 싶다.

# Victoria Blossom

**The 4 _**

청차Oolong tea 칵테일 '지배적인 아로마'의 우아함

티 마스터 _ **최선주**

'빅토리아 블러썸Victoria Blossom'은 이름처럼 화사하게 피어나는 분홍빛 수색과 달콤한 복숭아 향이 어우러진 티 칵테일이다. 동양의 신비로운 미학을 담은 '동방미인東方美人' 차를 베이스로 하여, 그 우아한 풍미를 현대적인 감각으로 재해석한 이 음료는 마치 사랑스러운 로제 와인을 마시는 듯한 착각을 불러일으킨다.

이 음료의 영감은 19세기 영국, 해가 지지 않는 나라를 통치했던 빅토리아 여왕에서 시작된다. 전해지는 이야기에 따르면, 여왕은 타이완에서 건너온 한 잔의 차를 마시고 그 독특하고 우아한 풍미에 매료되어 "동방의 아름다운 여인과 같다"며 직접 '동방미인'이라는 이름을 하사했다고 한다. 여왕의 세련된 감각과 차에 대한 극찬에서 영감을 얻어 탄생한 '빅토리아 블러썸'은 그 이름에 걸맞게 기품 있고 고급스러운 맛의 정점을 보여준다.

음료의 시각적 즐거움은 히비스
커스가 빚어낸 은은한 연분홍빛
에서 시작된다. 여기에 치커리의
보라꽃 가니시가 더해져 마치 한
폭의 정물화 같은 아름다움을 완
성한다. 단순히 눈만 즐거운 것이
아니다. 동방미인 특유의 깊은 향
미에 달콤한 복숭아 시럽이 배합
되어 차의 숨겨진 꽃향기를 한층
돋보이게 하며, 탄산수의 톡 쏘
는 청량감은 자칫 무거울 수 있
는 차의 농밀함을 경쾌하게 전환
해 준다.

한 모금 머금으면 복숭아의 달콤
함이 먼저 닿고, 이내 동방미인
특유의 꿀 향이 입안을 부드럽게
감싸며 인상적인 여운을 남긴다.
이 우아한 티 칵테일은 복숭아 콤
포트에 마스카포네 치즈를 곁들
인 디저트나, 싱그러운 여름 과일
을 활용한 가벼운 페어링과 함께
할 때 그 조화가 더욱 빛을 발한
다. 일상의 한순간을 빅토리아 여
왕의 정원으로 바꿔줄 이 한 잔
은, 당신에게 가장 기품 있고 화
려한 휴식을 선사할 것이다.

## INGREDIENTS _

**Base** 동방미인 5g.
**Liquid**(바디) 탄산수 60ml, 찻물 120ml.
**Syrup**(풍미첨가제) 복숭아 시럽 베이스 30ml.
**Garnish** 포도, 치커리 꽃.
**Glass** 와인 글라스.
**기법** 스터링Stiring.

### 레서피 _

동방미인을 5g을 200ml에 넣고 90℃로
5분간 우리며 충분히 식힌다.
믹싱 글라스에 탄산수 60ml,
히비스커스 티백 1개를 핑크색으로 우린 후,
복숭아 시럽 30ml을 넣는다.
글라스에 식힌 찻물 120ml을 넣고
복숭아시럽 탄산수 90ml을 붓는다.
치커리 꽃을 올려 장식한다.

'보물섬Treasure Island'은 암골화향(岩骨花香)의 깊은 운치를 지닌 대홍포를 베이스로, 무이산의 신비로운 절경을 한 잔의 잔 위에 구현해 낸 티 칵테일이다. 이 음료는 대홍포의 묵직한 풍미 위에 오미자와 장미의 화사한 색채를 입히고, 순백의 화이트초콜릿을 가니시로 곁들여 마치 보물이 숨겨진 섬을 발견한 듯한 설렘을 선사한다.

음료의 뿌리가 되는 대홍포(大紅袍)는 중국 푸젠성 무이산의 거친 기암절벽 사이, 한 뼘의 바위틈에 뿌리를 내리고 자생하는 무이암차의 정수다. 깎아지른 듯한 바위 틈바구니에서 자라나며 품게 된 특유의 '암골화향'은 대지의 기운과 꽃의 향기를 동시에 머금은 대홍포만의 고귀한 표식이다. 특히 무이산 벼랑 끝에 꿋꿋이 서 있는 6그루의 모수(母樹)는 중국 내에서도 국보급 대우를 받는 차나무로, 그 희소성과 역사성은 대홍포를 단순한 차 이상의 존재로 만든다.

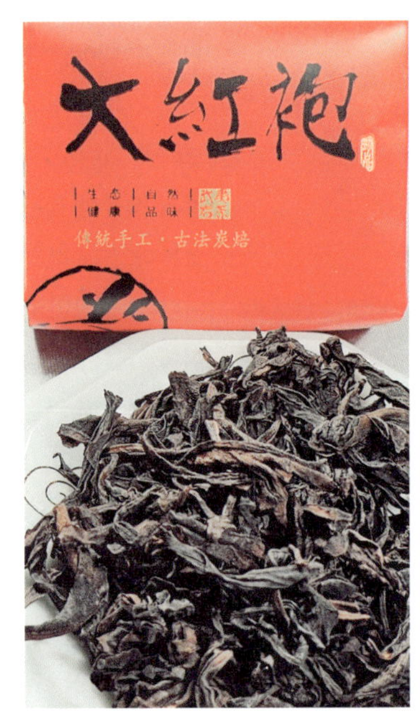

## INGREDIENTS _

**Base** 대홍포 10g.
**Liquid**(바디) 진토닉 15ml, 탄산수 15ml, 찻물 120ml.
**Syrup**(풍미첨가제) 오미자청 15ml, 장미청 30ml.
**Garnish** 화이트초콜릿 3개.
**Glass** 고블렛.
**기법** 블랜드Blend.

## 레서피 _

대홍포 10g을 물 300ml로 우려서 식혀준다.
오미자청과 장미청을 넣어준다.
탄산수와 진토닉 그리고 찻물을 넣어 섞어준다.
화이트초코릿을 띄워 완성한다.

# Treasure
# Island

**The 4 _**

청차Oolong tea 칵테일 **'지배적인 아로마'의 우아함**

티 마스터 _ **최은환**

지난겨울, 직접 마주한 무이산은 경이로움 그 자체였다. 기암절벽 사이사이에 보석처럼 박힌 차나무들과 구름이 머물다 가는 비현실적인 절경을 보며, '이 산이야말로 자연이 숨겨둔 거대한 보물섬이 아닐까' 하는 감탄이 절로 나왔다. 그 신비롭고 영롱한 감동을 그대로 담아낸 것이 바로 이 티 칵테일이다.

다섯 가지 맛이 조화롭게 어우러져 피로 해소와 활력 증진에 탁월한 오미자청과, 매혹적인 향기를 내뿜는 장미청은 대홍포의 묵직함에 화려한 색과 맛의 결을 더한다. 여기에 깔끔하고 시원한 탄산수와 진토닉이 어우러져 만들어내는 청량감은 무이산의 맑은 공기를 마시는 듯한 착각을 불러일으킨다.

음료 위에는 화이트초콜릿을 섬처럼 띄워 시각적인 완성도를 더했다. 칵테일을 즐기는 중간중간 초콜릿을 가볍게 깨물어 먹으면, 초콜릿의 부드러운 단맛이 대홍포의 스모키한 암운과 섞이며 맛의 층위를 한층 더 깊고 풍성하게 확장해 준다. '보물섬' 한 잔을 통해 당신의 일상 속에서도 무이산의 광활한 비경과 보물 같은 휴식을 발견하기를 바란다.

# 青茶
# 五味

**The 4** _

청차Oolong tea 칵테일 '지배적인 아로마'의 우아함

티 마스터 _ 홍정순

## INGREDIENTS _

**Base** 청차 2g.
**Liquid**(바디) 탄산수 20ml, 찻물 100ml.
**Syrup**(풍미첨가제) 오미자청 25ml.
**Garnish** 오미자 각얼음 5개.
**Glass** 와인 글라스.
**기법** 블랜드Blend.

## 레서피 _

청차 2g을 냉침으로 12시간 우린다.
오미자청을 바닥에 깔고 오미자 각얼음을 넣는다.
청차와 탄산수를 섞어 넣는다.

'청차오미'는 청아한 청차의 샘물 위에 오미자가 가진 붉은 정열이 물들 듯 스며드는 감각적인 티 칵테일이다. 수많은 차(茶) 중 가장 다채로운 스펙트럼을 가진 청차와, 다섯 가지 맛을 품은 오미자의 만남은 그 자체로 완벽한 시너지를 이룬다. 서로 다른 결을 지닌 두 재료가 잔 속에서 조우하며, 일상의 갈증을 씻어내고 감각을 깨우는 특별한 경험을 선사한다.

청차靑茶는 특유의 깔끔하고 부드러운 발효미로 음료의 중심을 단단히 잡아준다. 오미자가 지닌 강렬한 산미와 농밀한 단맛이 자칫 자극적으로 느껴질 수 있을 때, 청차의 단아한 풍미는 이를 포근하게 감싸 안으며 맛의 균형을 완성한다. 특히 청차 고유의 은은한 꽃향기와 오미자의 싱그러운 과일 향이 어우러지는 순간, 비로소 눈과 코가 동시에 즐거운 청량한 음료로 거듭나게 된다.

맛의 층위 또한 매우 입체적이다. 첫 모금에서 느껴지는 새콤달콤한 첫인상 뒤로, 청차와 오미자가 공통으로 지닌 은은한 쓴맛과 떫은맛이 기분 좋게 따라온다. 이 미세한 떫음은 뒷맛을 깔끔하게 잡아주는 역할을 하여, 마신 뒤에도 입안에 텁텁함 대신 기분 좋은 여운과 개운함을 남긴다. 여기에 오미자가 선사하는 투명하고 붉은 빛깔은 마치 노을이 진 맑은 호수를 보는 듯한 시각적 아름다움까지 더해준다.

예로부터 오미자는 폐 기능을 돕고 피로 해소와 간 기능 개선에 탁월한 약재이자 식재료로 사랑받아 왔다. 청차 역시 몸의 열을 내리고 정신을 맑게 하는 데 도움을 주는 차다. 이처럼 '청차오미'는 단순한 기호 식품을 넘어 맛의 즐거움과 신체의 활력을 동시에 만족시키는 사려 깊은 칵테일이다. 무더운 날씨나 지친 일상 속에서 몸과 마음의 조화가 필요할 때, 붉게 피어오르는 청차오미 한 잔은 당신에게 가장 건강하고 향기로운 정열을 전해줄 것이다.

# Tea
# mixology

### non-alcoholic

5;
홍차 Black Tea 칵테일
붉은 수색 속에 담긴 강렬한 에너지

# 홍차 Black Tea 칵테일

## 붉은 수색 속에 담긴 강렬한 에너지

홍차는 찻잎을 85% 이상 산화시킨 대표적인 강발효차로, 입안을 감
도는 특유의 깊은 탄닌과 맑고 붉은 등홍색(橙紅色)의 수색이 매력
적인 차다. 녹차와 달리 고온에서 효소를 파괴하는 살청 과정을 거치
지 않는 것이 특징인데, 대신 찻잎을 시들게 하는 '위조'와 찻잎을 비
비는 '유념' 과정을 거쳐 찻잎 내부의 성분들이 공기 중의 산소와 만
나 스스로 발효되도록 유도한다. 이 과정에서 찻잎은 초록의 빛을 벗
고 짙은 갈색으로 변하며, 꽃과 과일 혹은 나무와 숲의 향을 품은 중
후한 풍미를 완성하게 된다.

인도에는 일부 불완전 발효된 홍차가 존재하기도 하나, 중국의 홍차
는 대개 완전발효차의 범주에 속하며 제조 방식에 따라 잎의 원형을
살린 공부홍차(工夫紅茶), 훈연향이 특징인 소종홍차(小種紅茶), 찻
잎을 잘게 절단한 쇄홍차(碎紅茶)로 분류된다. 서양에서는 홍차의 검
은 찻잎에 주목해 '블랙 티Black Tea'라 부르지만, 동양에서는 우러
난 물의 빛깔을 보고 '홍차紅茶'라 명명한 것이 흥미롭다.

흔히 인도의 다질링(Darjeeling), 중국의 기문(祁門), 스리랑카의
우바(Uva)를 세계 3대 홍차로 꼽지만, 이는 현대 차 시장에서는 고
전적인 기준에 가깝다. 최근에는 중국 내에서도 기문을 능가하는 다

양한 고품질 홍차가 생산되고 있으며, 아프리카 케냐산 홍차 역시 압도적인 생산량과 뛰어난 품질로 세계 시장을 재편하고 있다. 전통적으로 찻잎을 그대로 우려 마시는 스트레이트 티 방식이 주를 이루었으나, 최근에는 젊은 세대를 중심으로 우유를 첨가한 나이차(奶茶)나 다양한 가니시를 더한 블렌딩 티 문화가 새로운 미식의 장을 열고 있다. 이러한 홍차의 변신 중 가장 정교한 영역은 바로 '논알코올 티 칵테일'이다. 홍차 베이스의 티 칵테일은 알코올 없이도 특유의 탄닌 성분이 주는 묵직한 바디감 덕분에 음료의 중심을 단단히 잡아준다. 녹차나 우롱차보다 향이 강하고 개성이 뚜렷하여 시럽, 과일 주스, 향신료와 섞였을 때도 고유의 풍미를 잃지 않고 조화로운 향미를 선사한다. 특히 시나몬, 정향, 팔각 같은 스파이스 계열과 만났을 때 폭발적인 시너지를 내며, 술보다 더 깊고 우아한 미식의 경험을 제공하는 것이 가장 큰 장점이다.

하지만 완성도 높은 홍차 칵테일을 구현하기 위해서는 과학적이고 섬세한 방법론이 뒤따라야 한다. 우선 발효도가 높은 홍차는 과하게 추출할 경우 떫은맛이 강해져 부재료의 맛을 압도할 수 있으므로, 평소보다 찻잎의 양을 1.5배 늘리는 대신 우려내는 시간을 짧게 잡아 진하면서도 깔끔한 원액을 얻는 것이 핵심이다. 또한 차갑게 즐기는 아이스 칵테일 제조 시, 찻잎 속의 폴리페놀 성분이 카페인과 결합해 수색이 뿌옇게 흐려지는 '백탁 현상Creaming Down'이 발생하기 쉽다. 이를 방지하기 위해서는 뜨겁게 우린 차에 소량의 설탕을 미리 녹여 결합을 억제하거나, 얼음 위로 차를 빠르게 부어 온도를 급격히 낮추는 '급랭(Rapid Chilling)' 기법을 사용해 투명한 수색을 유지해야 한다.

더불어 알코올의 빈자리를 채우기 위해 당도를 조절할 때는 단순한 설탕 시럽보다는 과일 베이스의 청이나 허브 시럽을 활용하여 홍차 본연의 우아한 향과 다층적인 풍미가 겹겹이 쌓이도록 설계해야 한다. 탄산수를 섞을 때도 홍차의 거친 입자를 부드럽게 감싸줄 수 있도록 탄산의 강도를 조절하는 등, 온도와 농도의 정밀한 균형을 맞추는 과정이 필수적이다. 이처럼 재료의 물리적 특성을 깊이 이해하고 통제하는 과정이야말로, 홍차를 단순한 음료를 넘어 하나의 감각적인 예술 작품인 '티 칵테일'로 완성하는 진정한 방법론이라 할 수 있다.

# Hadong Breakfast

하동 브랙퍼스트

**The 5 _**

홍차 Black Tea 칵테일 **붉은 수색 속에 담긴 강렬한 에너지**

티 마스터 _ 강미희

## INGREDIENTS _

**Base** 홍잭살 5g.
**Liquid**(바디) 찻물 150ml.
**Syrup**(풍미첨가제) 얼그레이 시럽 10ml, 스트로베리 시럽 10ml.
**Garnish** 체리향 스모키 인퓨전 장미잎.
**Glass** 롱 칵테일 글라스.
**기법** 스터Stir.

## 레서피 _

글라스에 얼음을 넣어 칠링해 둔다.
믹싱글라스에 찻물, 얼그레이 시럽,
스트로베리 시럽 순으로 넣고, 얼음을 채운 뒤, 바스푼으로 저어준다.
칠링된 글라스에 얼음을 버린 뒤 믹싱글라스의 음료를 따라준다
음료 위에 체리향 스모키향을 인퓨징 해준다.

'하동 브랙퍼스트(Hadong Breakfast)'
는 우리 땅의 기운을 머금은 홍잭살의 그
윽한 훈연향을 현대적으로 재해석한 티
칵테일이다. 가장 한국적인 홍차를 베이
스로 삼아 기본에 충실하면서도, 동양과
서양의 미학이 잔 속에서 조우하는 찰나
를 우아하게 그려냈다.

음료의 영혼이 되는 '홍잭살'은 본래 '붉
은 빛깔을 띠는 참새의 혀'라는 뜻을 지닌
하동 지역의 방언이다. 이는 찻잎의 모양
이 참새의 혀를 닮았다고 하여 붙여진 이
름으로, 지리산 하동 화개골의 척박한 야
생 조건에서 자라난 잎을 채취하여 탄생
한다. 찻잎을 시들리고 비비는 과정을 여
러 차례 반복하며 정성으로 빚어낸 이 차
는, 한국발효차연구소 다유락의 박희준
교수가 잊혀가던 전통 제조법을 복원하고
상품화하면서 비로소 '한국형 홍차'라는
이름으로 세상에 널리 알려지게 되었다.

전통 방식으로 만들어진 홍잭살은 인위적
인 덖음 과정을 거치지 않는다. 오직 지리
산의 서늘한 바람과 하동의 따사로운 햇
살 아래에서 자연스럽게 발효되어, 차 한
잔에 하동의 계절과 공기가 그대로 녹아
있다. 이처럼 순수한 생명력을 지닌 홍잭
살에 베르가모트 향이 깃든 얼그레이 시
럽을 첨가하고, 마지막으로 스모키 인퓨
징(Smoky Infusing) 기법을 더해 시각
과 후각의 정점을 완성했다.

잔 위로 느릿하게 피어오르는 연기는 화
개골 야생 차밭에서 이른 가을 아침마다
피어오르는 신비로운 물안개를 형상화한
것이다. 이 광경을 보고 있노라면, 마치
200년이라는 시간을 건너온 영국의 그레
이 백작(Earl Grey)이 지리산 하동의 수
려한 차밭을 바라보며 깊은 상념에 잠긴
채 시가 연기를 내뿜는 듯한 착각에 빠지
게 된다.

'하동 브랙퍼스트'는 단순한 음료를 넘
어, 하동의 야생 차밭과 영국의 귀족 문
화가 만나 빚어낸 하나의 서사다. 훈연향
뒤에 감춰진 홍잭살 특유의 달큰하고 깔
끔한 뒷맛은, 바쁜 아침을 깨우는 가장 고
결하고도 강렬한 한 잔의 휴식이 되어줄
것이다.

# Victorian
## 빅토리안 스파클 Sparkle

## INGREDIENTS _

**Base** 잉글리시브랙퍼스트 T2 8g.
**Liquid**(바디) 찻물 200ml, 진저 에일 100ml.
**Syrup**(풍미첨가제) 포도시럽 50ml.
**Garnish** 타임.
**Glass** 필스너.
**기법** 빌드Build.

## 레서피 _

잉글리쉬 브랙퍼스트 찻잎 8g을 90℃의
물 300ml에 5분간 우린 후 차갑게 식힌다.
글라스에 포도시럽 50ml를 넣은 후 얼음을 채운다.
진저에일 100ml, 찻물 200ml를 차례로 따른다.

## 포도 시럽 _

포도 200g, 설탕 100ml,
물 100ml를 넣고 10분간 끓인다.
만들어진 포도주스와 포도를 거름망에 거른다.
포도주스에 레몬즙 10ml를 넣고 졸이다
원하는 농도가 되면 불을 끄고 식힌다.

홍차 Black Tea 칵테일 **붉은 수색 속에 담긴 강렬한 에너지**

티 마스터 _ **김선정**

'빅토리안 스파클(Victorian Sparkle)'은 깊고 진한 홍차의 풍미 위에 보랏빛 포도의 달콤함과 진저에일의 청량한 불꽃을 더한 티 칵테일이다. 이 한 잔은 재료들이 층층이 쌓이며 만들어내는 보랏빛 그라데이션을 통해 보는 이의 눈을 먼저 즐겁게 하며, 클래식한 홍차의 변신이 주는 시각적인 특별함을 선사한다. 19세기 영국 빅토리아 시대, 잉글리시 브랙퍼스트(English Breakfast)의 묵직하고 짙은 향기는 그 자체로 아침을 깨우는 고결한 의식이자 시대의 상징이었다. 당시 영국인들이 사랑했던 이 전통적인 블랙티에 현대적인 감각의 진저에일과 포도 시럽을 배합한 '빅토리안 스파클'은, 과거의 기품과 현대인의 역동적인 활기를 동시에 담아낸 음료라 할 수 있다.

음료의 첫인상을 결정짓는 것은 잉글리시 브렉퍼스트 특유의 묵직한 바디감과 진저에일의 톡 쏘는 상쾌함이다. 홍차의 탄닌 성분이 주는 깊은 여운은 진저에일의 알싸한 풍미와 만나 잠자고 있던 감각을 선명하게 깨워준다. 여기에 맨 아래층을 지탱하는 진한 포도 시럽은 자칫 거칠 수 있는 생강의 향을 부드럽게 감싸 안으며, 음료 전체에 화사하고 달콤한 생동감을 불어넣는다.

이 음료는 매일 마시는 커피 대신 새로운 자극이 필요한 이들이나, 상쾌하게 오감을 깨우며 하루를 시작하고 싶은 사람들에게 완벽한 선택이 된다. 잉글리시 브렉퍼스트의 진중함과 포도의 싱그러움이 어우러진 맛은 입안 가득 청량한 여운을 남기며, 기분 좋은 활기를 선사할 것이다.

마시는 방법 또한 하나의 즐거움이다. 처음에는 층별로 나뉜 시각적 아름다움을 충분히 음미한 뒤, 맨 아래 깔린 포도 시럽을 가볍게 저어 홍차 및 진저에일과 잘 섞어 마시는 것을 추천한다. 재료들이 조화롭게 어우러지는 순간, 비로소 '빅토리안 스파클'이라는 이름에 걸맞은 찬란하고 화려한 풍미의 향연이 시작될 것이다.

홍차 Black Tea 칵테일 **붉은 수색 속에 담긴 강렬한 에너지**

티 마스터 _ **김수연**

'블랙 앤 블랙티(Black & Black Tea)'는 홍차가 가진 고결하고 우아한 풍미 위에 흑당의 깊고 진한 달콤함을 덧입혀, 차의 여운을 극대화한 현대적인 티 칵테일이다. 이 음료는 세계 3대 홍차 중에서도 향이 으뜸이라 칭송받는 기문홍차(祁門紅茶)를 베이스로 삼아, 전통의 깊이와 현대적인 미감이 조화롭게 공존하는 미식의 경험을 선사한다.

중국을 대표하는 홍차이자 전 세계 차 애호가들의 찬사를 받는 기문홍차는 오직 기문 지역의 기운을 머금어야만 가질 수 있다는 고유의 향기를 품고 있다. 장미의 화사함과 난초의 청초함, 싱그러운 과일의 결이 촘촘히 엮여 피어오르는 그 향기는 마치 꿀처럼 감미롭고 달콤한 행복감을 안겨준다. 부드러운 질감 끝에 마주하는 선명한 루비 빛 탕색은 기문홍차가 왜 '홍차의 왕자'라 불리는지 시각적으로 증명한다.

본래 기문홍차는 따뜻하게 우려 스트레이트로 즐길 때 그 섬세한 풍미가 가장 잘 드러난다고 알려져 있다. 하지만 숨 막히는 무더운 여름날, 갈증을 해소해 줄 시원한 차 한 잔이 간절해지는 순간 기문홍차는 흑당과 만나 새로운 변신을 꾀한다. 흑당 시럽 특유의 진한 카라멜 향은 기문홍차의 묵직한 바디감과 만나 한층 더 깊은 풍미의 레이어를 형성하며, 젊은 세대의 입맛을 사로잡는 세련된 단맛으로 거듭난다.

시각적인 연출 또한 이 음료의 빼놓을 수 없는 매력이다. 투명한 글라스 안쪽 벽면을 타고 유려하게 흘러내리는 흑당 시럽의 짙은 실루엣은 기문홍차의 루비 빛 수색과 뒤섞여 마치 하나의 추상화를 감상하는 듯한 착각을 불러일으킨다. 자연스럽게 번져가는 흑당의 비주얼은 차를 더욱 풍성하고 깊이 있어 보이게 만들며, 첫 모금에서 느껴지는 차가운 홍차의 청량함과 마지막에 차오르는 흑당의 진한 여운은 무더위를 잊게 할 완벽한 마무리를 선사할 것이다.

# Black & Black Tea

블랙앤 블랙티



### 레서피

기문홍차 4g을 티팟에 넣고 끓인 물 250ml에 5분간 강하게 우린 후 식힌다.
글라스 안쪽의 립 부분을 둘러 가며 흑당 시럽을 묻힌다.
차갑게 식은 찻물 200ml를 글라스에 붓는다.

# Wild Straw-<br>berries black

## 와일드 스트로우베리 홍차 tea

**INGREDIENTS** _

**Base** 홍차 3g.
**Liquid**(바디) 찻물150ml, 라즈베리 퓨레(프) 30ml.
**Syrup**(풍미첨가제) 마리브리자드 사탕수수 시럽 20ml.
**Garnish** 얼린 라즈베리 7개.
**Glass** 칵테일 글라스 207ml.
**기법** 블랜드 Blend(휘핑기).

**레서피** _

홍차 티백(3g)에 끓인 물 150ml를 부어 2분간 우린 후 얼음에 넣어 식힌다.
찻물 150ml + 라즈베리 퓨레 30ml + 사탕수수 시럽 20ml를 휘핑한다.
작은 칵테일 글라스에 얼린 라즈베리를 가득 담는다.
비키니 페시티드 크리스탈 쿠페 칵테일 글라스에 휘핑해둔 라즈베리 홍차를 붓는다.

### The 5 _

홍차 Black Tea 칵테일 **붉은 수색 속에 담긴 강렬한 에너지**
티 마스터 _ **김종분**

'와일드 스트로베리 홍차'는 홍차 본연의 깊은 풍미
에 산딸기(라즈베리)의 새콤달콤한 생기를 더해, 맛
과 건강이라는 두 마리 토끼를 모두 잡은 티 칵테일이
다. 홍차의 찻잎이 산화되는 과정에서 생성되는 폴리
페놀 성분과 산딸기의 풍부한 엘라그산, 안토시아닌,
비타민 C가 만나 우리 몸의 산화를 늦추는 항산화 작
용을 극대화한다. 하지만 이 음료가 선사하는 가장 큰
미덕은 재료들이 빚어내는 조화롭고도 독특한 향미의
변주에 있다.

영국인들에게 홍차와 딸기의 조합은 일상적인 기
호를 넘어 영혼을 다독이는 '컴포트 푸드(Comfort
Food)'와 같다. 잉글리시 브랙퍼스트의 묵직한 탄닌
이 입안을 정리해 주면, 산딸기의 상큼한 산미와 달콤
함이 즉각적으로 에너지를 충전시켜 준다. 긴장감 넘
치는 삶의 순간순간마다 마음을 진정시키고 체력을 보
충해 주는 이 기묘하고도 완벽한 조합은, 오늘을 살아
가는 우리에게도 동일한 위로를 건넨다.

삶의 무게에 눌려 급격히 에너지가 고갈되는 순간, 혹
은 잠시 세상의 소란으로부터 벗어나 나만의 평화가
필요한 때라면 'Wild Strawberry Black Tea' 한 잔
을 권한다. 산딸기의 붉은 빛깔이 홍차 속에서 화사하
게 피어나는 것을 지켜보는 것만으로도, 당신의 일상
은 다시금 생기 있는 온기로 채워질 것이다.

**The 5 _**

홍차 Black Tea 칵테일 **붉은 수색 속에 담긴 강렬한 에너지**

티 마스터 _ **박정숙**

'아이스 홍차 라떼'는 지친 일상 속에서 따뜻한 위로와 고요한 위안
이 필요한 순간, 당신의 몸과 마음을 다독여 줄 사려 깊은 한 잔이다.
이탈리아어로 우유를 뜻하는 '라떼Latte'라는 이름에 걸맞게 부드러
운 질감을 강조하면서도, 커피 대신 깊은 풍미의 홍차를, 일반 우유
대신 건강한 아몬드 브리즈를 선택하여 현대적인 감각의 웰빙 음료
로 재탄생시켰다.

홍차는 6대 다류 중 카페인 함유량이 비교적 높은 편에 속하지만, 신
기하게도 마신 뒤의 느낌은 흥분보다는 평온한 진정에 가깝다. 이는
차 특유의 성분인 테아닌(L-theanine)과 카페인이 서로를 견제하
고 보완하는 '길항작용'을 하기 때문이다. 카페인이 각성 효과를 준
다면, 테아닌은 뇌의 알파파를 발생시켜 긴장을 완화하고 안정을 유
도한다. 이 절묘한 균형 덕분에 홍차 라떼는 정신을 맑게 깨우면서도
마음은 차분하게 가라앉혀 주는 독특한 위안의 힘을 갖는다.

여기에 더해진, 달콤하고 향긋한 복숭아잼은 홍차 특유의 쌉싸름한
끝 맛을 부드럽게 감싸 안는다. 복숭아는 아스파라긴산을 풍부하게
함유하고 있어 체내의 젖산을 제거하고 피로를 해소하는 데 탁월하
며, 숙취 해소와 체력 증진에도 도움을 주는 고마운 과일이다. 복숭
아의 화사한 향기와 홍차의 묵직한 바디감이 어우러지며 입안 가득
입체적인 풍미를 선사한다.

음료의 베이스로 사용된 아몬드 브리즈는 유제품과 유사한 고소한
맛과 부드러운 질감을 지니고 있으면서도, 유당 불내증이나 콜레스
테롤 걱정이 없는 대표적인 대용 우유다. 특히 프로틴이 강화된 아몬
드 브리즈를 활용함으로써 영양적 완성도를 높였으며, 칼로리에 대
한 부담까지 덜어냈다.

차가운 얼음과 함께 어우러진 '아이스 홍차 라떼'는 단순한 시원함
을 넘어 건강한 에너지의 충전을 의미한다. 쌉쌀한 홍차와 고소한 아
몬드, 그리고 달콤한 복숭아의 조화가 빚어낸 이 한 잔을 통해, 지
친 당신의 하루에 포근한 위로와 건강한 생기를 선물해 보길 바란다.

## INGREDIENTS _

**Base** 홍차 말차 2g.
**Liquid**(바디) 아몬드 브리즈 150ml.
**Syrup**(풍미첨가제) 복숭아잼 60ml.
**Garnish** 시나몬 0.5g.
**Glass** 온더락.
**기법** 휘스킹Whisking, 플로트Float.

## 레서피 _

복숭아잼 60ml를 시나몬 0.5g과 잘 섞어준다.
믹싱 글라스에 복숭아잼을 칠링한 글라스에 넣는다.
글라스에 각얼음을 가득 채우고 아몬드 브리즈를 90%까지 채운다.
다완과 차선을 예열한 후 홍차 말차 2g을 물(50℃, 10ml)로 잘 풀어준다.
다완에 물 50ml를 추가하여 격불한다.
글라스에 격불한 홍차 말차의 폼을 살려 플로팅한다.

아이스
홍차라떼 # Ice Black Tea Latte

홍차 Black Tea 칵테일 **붉은 수색 속에 담긴 강렬한 에너지**
티 마스터 _ **신순규**

'루비 홍차'는 대만 일월담日月潭의 맑은 기운을 머금은 홍옥紅玉 홍차를 베이스로, 여왕의 기품과 보석의 찬란함을 한 잔의 잔 위에 구현해 낸 티 칵테일이다. 이 음료는 홍옥 특유의 짙고 선명한 수색을 루비에 투영하여, 시각적인 화려함과 미각적인 상쾌함이 완벽한 조화를 이루도록 설계되었다.

음료의 중심이 되는 홍옥 홍차(대만 18호)는 인도의 아삼종과 대만 야생 산차를 교배하여 대만 농업시험소가 심혈을 기울여 개발한 명품 품종이다. 해와 달의 모양을 닮았다는 신비로운 일월담 호수 주변에서 생산되며, 2023년 1월의 서늘한 공기를 머금고 탄생한 찻잎을 우렸을 때, 마치 정제된 루비를 녹여낸 듯 투명하고 강렬한 붉은 빛을 띤다. 특히 홍옥만이 가진 고유의 멘톨 향과 시나몬, 그리고 잘 익은 과일의 향기는 다른 홍차에서는 찾아볼 수 없는 독보적인 아우라를 형성한다.

이 차는 '가장 사려 깊고 아름다운 지성의 여인'으로 기억되는 이집트의 마지막 여왕, 클레오파트라에게서 영감을 얻었다. 보석의 왕이라 불리는 루비는 고대부터 열정과 지혜를 상징했으며, 클레오파트라가 생전 가장 아꼈던 보석이기도 했다. 그녀의 단호한 결단력과 고혹적인 매력을 닮은 '루비 홍차'는 그 자체로 향기와 기품을 동시에 느끼게 하는 여왕의 차와 같다.

맛의 층위는 유자청과 홍옥 홍차 시럽의 조화로 시작된다. 첫 모금에서 느껴지는 새콤달콤한 풍미 뒤로 홍옥 특유의 민트 향이 레몬의 산미와 어우러져 폭발적인 청량감을 선사한다. 특히 히비스커스를 활용해 만든 붉은 얼음은 잔 속에서 천천히 녹아내리며 마치 루비 보석이 일렁이는 듯한 시각적 효과를 극대화한다.

무더위가 기승을 부리는 날, 차갑게 빛나는 '루비 홍차' 한 잔은 당신에게 여왕의 휴식을 선사할 것이다. 보석처럼 아름다운 탕색을 감상하며 느릿하게 차를 음미하다 보면, 일상의 소란은 어느덧 가라앉고 클레오파트라의 지혜와 루비의 열정이 당신의 감각을 화사하게 깨워줄 것이다.

# Ruby
# Black Tea

## INGREDIENTS

**Base** 대만 홍옥 5g. 히비스커스 0.5g.
**Syrup**(풍미첨가제) 홍차시럽 45ml, 유자청 10ml.
**Garnish** 애플민트, 레몬 슬라이스 각 1조각.
**Glass** 레드 와인 글라스 500ml.
**기법** 플로트Float.

## 레서피

칠링된 글라스에 유자청 10ml를 넣는다.
홍옥시럽 45ml를 넣는다.
글라스에 큐빅 얼음 50%를 넣는다.
찻물 300ml을 넣는다.
(100℃ 물 300ml에 홍옥 5g,
히비스커스 0.5g을 넣고 3분 우려 식힌다)
레몬 슬라이스를 컵 중앙에 놓는다.
애플민트로 가니시 한다.

'히비스 레몬티(Hibis-Lemon)'는 열대의 정열을 담은 히비스커스의 붉은 수색과 레몬 홍차의 싱그러운 생명력이 만나 탄생한, 자연의 선물 같은 티 칵테일이다. 이 한 잔은 단순한 음료를 넘어 일상의 활력을 깨우고 몸 안의 독소를 다스리는 치유의 미학을 담고 있다.

'히비스(Hibis)'는 고대 이집트어로 '미의 여신'을 뜻한다. 그 이름처럼 히비스커스는 이집트의 마지막 여왕 클레오파트라가 미모와 건강을 유지하기 위해 즐겨 마셨던 차로 유명하다. 특유의 새콤하고 상쾌한 풍미는 소화를 돕고 피로를 풀어주는 효과가 탁월하며, 강렬하게 빛나는 붉은 빛깔은 잔 위에 열정적인 에너지를 불어넣는다.

최근 건강 관리를 위해 '레몬 워터'를 즐기는 이들이 많다. 레몬은 해독의 전령이라 불릴 만큼 요산 수치를 조절하여 통풍 예방을 돕고, 내장지방 분해와 피부 미백, 나아가 항암 효과까지 기대할 수 있는 과일이다. 하지만 레몬의 강한 산성은 장기적으로 섭취할 경우 위장에 적지 않은 부담을 줄 수 있다는 숙제를 안겨준다. 이 지점에서 레몬과 홍차의 만남은 그야말로 '신의 한 수'와 같은 절묘한 조화를 보여준다.

산성의 레몬과 알칼리성의 홍차가 만나고, 여기에 홍차 특유의 탄닌 성분이 어우러지면 산도가 중화되어 한층 부드럽고 편안한 목 넘김을 완성한다. 특히 운남 대엽종 홍차를 가득 품은 레몬 스킨은 그 자체로 고결한 향기를 내뿜으며 시각적인 아름다움의 정점을 찍는다. 여기에 붉은 정열의 히비스커스까지 보태지니, 이 한 잔은 단순한 차를 넘어 예술적인 작품이라 칭하기에 부족함이 없다.

히비스 레몬티(Hibis-Lemon)는 일상의 나른함을 깨우는 강력한 에너지와 집중력을 선사하며, 여름철 지독한 열기를 식혀주는 최상의 청량감을 제공한다. 여신의 이름을 빌려 온 이 차가 전하는 활기찬 에너지를 통해, 당신의 평범한 하루가 눈부시게 빛나는 순간으로 바뀌길 바란다.

**The 5** _

홍차 Black Tea 칵테일 **붉은 수색 속에 담긴 강렬한 에너지**

티 마스터 _ **이계자**



**레서피** _

레몬 홍차 1개를 100℃의 물에 5분간 우려 식힌다.
차가 준비되는 동안 글라스에 얼음을 넣어 칠링한다.
히비스커스 시럽 40ml를 넣고 얼음을 채운다.
찻물 200ml를 붓는다.
색 · 향 · 미를 음미한다.

히비스
레몬티

# Hibis
## lemon

# Triple
# Red 트리플 레드

**The 5** _

홍차 Black Tea 칵테일 **붉은 수색 속에 담긴 강렬한 에너지**

티 마스터 _ **조영아**

'트리플 레드Triple Red'는 홍차와 레드 뱅쇼가 만나 빚어내는 붉은 유혹의 빛깔이자, 프랑스의 낭만과 열정을 고스란히 옮겨 놓은 듯한 티 칵테일이다. 포숑Fauchon의 애플 홍차, 붉은 와인, 그리고 펜싱. 이 세 가지 단어를 관통하는 하나의 키워드는 바로 '프랑스'다.

## INGREDIENTS _

**Base** 프랑스 포숑 애플홍차 3g.
**Liquid**(바디) 탄산수100ml, 찻물 100ml.
**Syrup**(풍미첨가제) 레드뱅쇼 40ml, 슈가시럽 20ml.
**Glass** 펜싱 와인 글라스.
**기법** 빌드Build, 스터Stir.

## 레서피 _

와인 글라스에 얼음을 넣고 칠링해 둔다.
칠링한 와인 글라스에 식힌 찻물 100ml를 붓는다.
레드뱅쇼 40ml, 슈가시럽 20ml를 넣고 저어준다.
탄산수 100ml를 넣는다.

음료의 첫 번째 붉은 에너지는 1886년 설립된 프랑스 미식의 자존심, 포숑사의 애플티에서 시작된다. 스리랑카산 찻잎에 섬세한 사과 향을 입힌 이 차는 1~2mm의 작은 찻잎들이 사과의 향긋함을 포근하게 감싸 안는 듯한 중후한 풍미가 특징이다. 인위적이지 않은 사과의 향과 홍차 본연의 깊은 맛이 절묘한 균형을 이루어, 맛과 향을 동시에 사로잡은 명품 홍차의 위용을 보여준다. 두 번째와 세 번째 레드는 와인과 펜싱의 만남이다. 프랑스 하면 빼놓을 수 없는 와인은 오랜 숙성의 시간을 견뎌냈을 때 비로소 그 가치를 인정받는다. 흥미롭게도 프랑스가 종주국인 스포츠, 펜싱 역시 와인을 닮았다. 펜싱은 단순히 빠른 신체적 기량으로 승부하는 것이 아니라, 시간이 흐를수록 노련해지는 전략과 완숙한 기량이 빛을 발하는 종목이기 때문이다.

"펜싱은 훌륭한 와인과 같아요. 고작 1점을 더 얻기 위해 치밀하게 머리싸움을 하고 타이밍을 읽으며, 최상의 순간을 만들기 위해 부단히 노력하니까요. 최상품으로 거듭나기까지 무수한 정성과 시간을 거치는 와인과 닮지 않았나요? 이제야 펜싱이 무엇인지 조금은 알 것 같습니다."

'트리플 레드'는 이처럼 가장 프랑스다운 향기를 지닌 홍차와 와인을 결합하여, 펜싱의 정신이 깃든 기념 잔에 정성껏 담아낸 작품이다. 오늘도 삶이라는 피스트 위에서 최선의 '1점'을 얻기 위해 고군분투하는 현대인들에게, 붉은 유혹 속에 감춰진 묵직한 응원을 보낸다. 가장 프랑스적인 감각으로 빚어낸 이 한 잔이 지친 당신의 영혼을 우아하게 달래줄 것이다.

# Sunset Citrus Fizz

The 5 _

홍차 Black Tea 칵테일 **붉은 수색 속에 담긴 강렬한 에너지**

티 마스터 _ **최선주**

## INGREDIENTS _

**Base** 얼그레이 4g.
**Liquid**(바디) 홍차 시럽 30ml, 레몬 탄산수 60ml, 사이다 60ml.
**Syrup**(풍미첨가제) 라임주스 10ml, WHISKY SYRUP 10ml.
**Garnish** 레몬 슬라이스, 애플민트.
**Glass** 텀블러.
**기법** 빌드Build.

## 레서피 _

얼그레이 티백 2g, 2개를 200ml에 넣고 우린다.
찻물 180ml에 설탕 80g을 넣고 홍차시럽을 만든다.
레몬 탄산수 60ml, 사이다 60ml, 홍차시럽 30ml 넣는다.
위스키 시럽 10ml을 넣고 얼음을 채운다.
레몬 슬라이스를 옆으로 올리고 애플 민트로 장식한다.

‘선셋 시트러스 피즈(Sunset Citrus Fizz)’는 베르가모트
의 매혹적인 향기를 품은 얼그레이 홍차를 베이스로, 라임
의 산미와 탄산수의 청량함을 더해 입안 가득 상쾌한 불꽃
이 터지는 듯한 즐거움을 선사하는 티 하이볼이다. 이 음
료의 모태가 되는 얼그레이에는 19세기 영국의 유서 깊은
서사가 깃들어 있다. 홍차에 대한 열정이 뜨거웠던 당시,
영국의 찰스 그레이(Charles Grey) 백작은 중국 정산소
종의 독특하고 짙은 향을 잊지 못해 영국의 차 회사에 그
와 닮은 풍미를 재현해 달라고 요청했다. 수많은 시도 끝
에 시트러스 계열인 베르가모트 향을 입힌 새로운 홍차가
탄생했고, 사람들은 이 차를 백작의 이름을 따 ‘얼그레이’
라 부르기 시작했다.

‘선셋 시트러스 피즈’는 바로 이 얼그레이의 고전적이고 깊
은 풍미를 현대적인 하이볼 스타일로 재해석한 작품이다.
잔 속에 서서히 물드는 오묘한 수색은 하루를 마무리하며
하늘을 붉게 물들이는 노을(Sunset)의 따스한 색감을 연
상시킨다. 여기에 갓 짜낸 듯 싱싱한 라임 주스를 더해 하
이볼 특유의 강렬한 시트러스 향을 극대화했으며, 톡 쏘는
탄산의 질감은 자칫 무거울 수 있는 홍차의 여운을 경쾌하
게 끌어올린다.

첫 모금을 들이켜는 순간, 차가운 탄산과 함께 번지는 시
트러스의 생동감은 나른한 감각을 일깨우고, 이내 목을 타
고 넘어가는 얼그레이의 묵직한 잔향은 몸서리칠 만큼 깊
은 여운을 남긴다. 눈을 감으면 지평선 너머로 저물어가는
황금빛 노을이 그려지는 이 한 잔은, 고된 하루를 보낸 당
신에게 건네는 가장 화려하고 상쾌한 위로가 될 것이다.

# 누볼라
# **nuvola**

'누볼라(Nuvola)'는 세계 최초의 홍차라 불리는 정산소종(正山小種)의 짙은 훈연 향 위에 부드러운 우유 크림을 얹어, 강렬함과 부드러움의 공존을 꾀한 티 칵테일이다. 이탈리아어로 '구름'을 뜻하는 그 이름처럼, 이 음료는 잔 위에 머무는 뽀얀 크림과 그 아래로 펼쳐지는 홍차의 수색을 통해 한 폭의 풍경화를 그려낸다.

음료의 베이스가 되는 정산소종은 중국 무이산의 깊은 숲속에서 소나무를 태워 찻잎을 건조하는 과정에서 배어든 묵직한 송연향(松烟香)이 특징인 차다. 특히 이번 음료에 사용된 찻잎은 무이산 준덕차창에서 정성껏 길러낸 것으로, 정산소종 고유의 독특한 연기 향이 유난히 깊고 그윽하다. 소나무 숲의 고요한 새벽을 닮은 이 향기는 차 애호가들 사이에서도 그 독보적인 개성으로 찬사를 받는다.

## INGREDIENTS _

**Base** 정산소종 5g.
**Liquid**(바디) 우유 200ml, 찻물 150ml.
**Syrup**(풍미첨가제) 정산소종 찻잎 가루 2g.
**Garnish** 정산소종 찻잎 가루 1g.
**Glass** 고블렛.
**기법** 블랜드Blend, 플로트Float.

## 레서피 _

정산소종 5g을 물 200ml로 3분간 우려내어 식혀둔다.
정산소종 찻잎 3g을 다연에 곱게 갈아 1:2 비율로 나누어 놓는다.
우유 200ml를 갈아 놓은 찻잎 가루 2g을 넣고 휘핑하여 크림을 만든다.
고블렛에 찻물을 붓고 위에 크림을 섞이지 않게 얹는다.
갈아 놓은 남은 찻잎 가루 위에 뿌려 장식한다.

**The 5** _

홍차 Black Tea 칵테일

**붉은 수색 속에 담긴 강렬한 에너지**

티 마스터 _ **최은환**

'누볼라'라는 이름은 음료 위에 내려앉은 크림의 형상에서 기인했다. 몽글몽글하게 올라간 흰 크림은 마치 금방이라도 비를 쏟아낼 듯 습기를 가득 머금은 잿빛 구름을 연상시킨다. 시간이 흐름에 따라 크림이 잘게 부서지듯 홍차 속으로 가라앉는 모습은, 메마른 대지에 비를 뿌리는 구름의 움직임을 그대로 닮아 시각적인 경외감마저 선사한다. 훈연향의 강한 개성이 생소할 수 있는 이들을 위해, 찻잎을 곱게 갈아 넣은 크림을 휘핑하여 올림으로써 향은 오롯이 살리되 첫맛의 질감은 구름처럼 포근하게 감싸 안았다.

누볼라를 마실 때는 가장 먼저 입술에 닿는 부드러운 크림과 그 사이로 배어 나오는 은은한 소나무 향을 천천히 음미해 보길 권한다. 뒤이어 크림을 뚫고 올라오는 정산소종의 진한 훈연향을 입안 가득 머금는 순간, 거친 연기 향은 어느덧 우유와 섞여 실크처럼 매끄러운 풍미로 변모한다. 그 절묘한 조화 속에 눈을 감으면, 어느새 구름 위를 거닐며 무이산의 깊은 숲을 마주하고 있는 자신을 발견하게 될 것이다.

## The 5 _

홍차 Black Tea 칵테일 **붉은 수색 속에 담긴 강렬한 에너지**

티 마스터 _ **홍정순**

'애프터눈 티 칵테일(Afternoon Tea Cocktail)'은 짙은 붉은빛의 홍차 위에 황금빛 망고와 순백의 요거트를 층층이 쌓아 올려, 나른한 오후의 감각을 깨우는 티 칵테일이다. 한가로운 오후, 소중한 사람들과 마주 앉아 다정한 대화를 나누며 즐기기에 이보다 더 완벽한 동반자는 없을 것이다.

홍차가 역사에 처음 등장한 것은 명나라 말기로 거슬러 올라간다. 중국 무이산의 동목촌(桐木村)에서 생산된 정산소종(正山小种)이 그 시초로 알려져 있는데, 이는 유럽 전역을 풍미했던 최초의 홍차 '랍상소총(Lapsang Souchong)'이자 '얼그레이'의 영감이 된 원조 홍차다. 400여 년이 지난 지금까지도 동목촌의 숨결을 담아 생산되는 정산소종은 특유의 깊은 맛과 스모키한 송연향을 지니고 있으며, 그 오랜 역사만큼이나 특별하고 숭고한 매력으로 다가온다.

이 유서 깊은 홍차를 베이스로 한 '애프터눈 티 칵테일'은 숙성된 차의 묵직한 풍미와 열대 과일 망고의 화사한 달콤함이 만나 독특하고도 세련된 조화를 이룬다. 잔의 아래쪽을 채운 진한 홍차와 그 위로 대조를 이루는 황금빛 망고, 그리고 부드럽게 감싸는 요거트의 흰 빛깔은 시각적으로도 풍요로운 만족감을 선사한다. 요거트의 산뜻한 질감은 정산소종의 스모키한 여운을 부드럽게 정돈해 주며 입안 가득 다층적인 즐거움을 남긴다.

혼자만의 조용한 독서 시간이나 지인들과의 부담 없는 수다 속에서, 애프터눈 티 칵테일은 단순히 마시는 음료 이상의 역할을 한다. 사람과 사람 사이를 이어주고 따뜻한 대화가 흐를 수 있도록 돕는 다정한 매개체가 되어, 우리 삶의 평범한 오후를 더욱 특별하고 풍성한 순간으로 변모시켜 줄 것이다.

# afternoon tea **cock-tail**

에프터눈티 칵테일

### INGREDIENTS _

**Base** 정산소종 2g.
**Liquid**(바디) 요거트 40ml, 찻물 115ml.
**Syrup**(풍미첨가제) 망고 과육 40ml.
**Garnish** 망고 슬라이스 2.
**Glass** 와인 글라스.
**기법** 스무디.

### 레서피 _

정산소종 홍차 2g을 냉침으로 12시간 우린다.
망고 과육을 바닥에 깔고 요거트를 넣는다.
냉침 찻물을 넣고 망고 슬라이스로 장식한다.

# Tea
# mixology

non-alcoholic

6;
후발효차 Post-fermented tea
티 칵테일
- 시간의 미학

# 시간의 미학
# 후발효차Post-fermented tea
# 티 칵테일

수개월 혹은 수년, 길게는 수십 년 동안 미생물 발효를 거친 차를 우리는 후발효차라 불렀다. 본래 발효란 미생물이 관여하여 유기물질을 무기물질로 변화시키는 과정을 의미하는데, 이러한 학술적 개념에서 볼 때 진정한 의미의 발효차는 바로 이 후발효차를 지칭했다. 찻잎을 습기와 산소에 노출시켜 산화 효소의 작용으로 만드는 백차, 청차, 홍차와는 그 궤를 달리했다. 후발효차는 효모를 비롯한 미생물이 살아 움직이며 찻잎의 유기물질을 분해하고 그 과정에서 수많은 무기물질을 새롭게 생성했기 때문에 생물학적으로도 완전한 발효의 형태를 갖추었다. 긴 시간 발효를 거치며 찻잎의 색은 점점 깊고 어두워졌으며, 이 때문에 후발효차는 서양의 홍차(Black tea)와 구별하여 흑차(Dark tea)라는 이름으로 세상에 알려졌다. 이러한 차들은 대개 떡차나 벽돌 모양의 긴압차 형태로 제작되었는데, 이는 오랜 보존 기간 동안 급격한 산화를 늦추고 혐기성과 호기성 효모가 안팎에서 골고루 작동할 수 있는 최적의 환경을 조성하기 위함이었다. 중국 윈난성의 보이차를 필두로 안화흑차, 복전차, 육보차 등이 그 대표적인 예이며, 한국에서도 최근 복원된 청태전과 다산정차 등이 후발효차의 고유한 맥을 이어가고 있었다.

이처럼 미생물이 주도하는 화학 반응은 찻잎에 마법 같은 변화를 일으켜 차의 향과 맛을 비약적으로 상승시켰다. 발효 작용은 차의 향기를 더욱 다층적으로 만들고 맛을 지극히 부드럽게 정제하며, 혀끝에 닿는 질감과 목을 넘어간 뒤의 뒷맛까지도 풍성하게 개선했다. 차탕의 색은 짙은 호박색이나 흑갈색으로 변하며 윤기가 돌았고, 그 향은 단순히 식물적인 느낌을 넘어 섬세하고도 오묘한 깊이를 머금게 되었다. 특히 미생물의 신진대사 과정에서 생성된 유익한 물질들은 인체의 신진대사를 돕고 건강에 이로움을 준다는 사실이 여러 연구를 통해 증명되기도 했다. 이러한 후발효차의 독보적인 풍미와 기능성은 현대에 이르러 논알코올 티 칵테일을 제조할 때 대체 불가능한 핵심 재료로 주목받기에 이르렀다.

논알코올 티 칵테일의 베이스로서 후발효차가 가진 가장 큰 장점은 술이 주는 묵직한 바디감과 구조감을 완벽하게 재현할 수 있다는 점에 있었다. 알코올이 빠진 음료는 자칫 가볍거나 밋밋해지기 쉬우나, 오래 숙성된 후발효차의 진한 풍미는 입안을 꽉 채우는 밀도감을 제공했다. 특히 보이차에서 느껴지는 특유의 숙성된 향은 오크통에서 긴 시간 잠자던 위스키나 브랜디의 뉘앙스를 떠올리게 하여 음료에 권위를 더했다. 또한 발효 과정에서 탄닌 성분이 순화되었기에 많이 우려내어도 떫은맛이 적어, 다양한 부재료와 혼합했을 때 조화로운 균형미를 보여주었다. 시각적으로도 흑차 특유의 깊고 진한 수색은 클래식한 칵테일의 중후한 분위기를 연출하는 데 탁월한 효과를 발휘했다.

물론 베이스로 활용함에 있어 세심하게 고려해야 할 단점도 존재했다. 미생물 발효차 특유의 흙내음이나 쿰쿰한 향은 익숙하지 않은 이들에게 호불호가 갈릴 수 있는 요소였으며, 자칫 다른 재료의 섬세한 향을 덮어버릴 위험이 있었다. 또한 생산 환경과 보관 상태에 따라 품질의 편차가 크기 때문에, 표준화된 맛을 유지해야 하는 전문적인 조주 과정에서는 원재료의 선별과 관리에 각별한 주의가 요구되었다. 이러한 특성을 잘 이해한다면 후발효차는 논알코올 음료의 수준을 한 단계 끌어올리는 훌륭한 도구가 되었다.

후발효차를 베이스로 성공적인 칵테일을 만들기 위해서는 그 품성을 이해하는 활용 전략이 필요했다. 설탕의 단순한 단맛보다는 대추, 시나몬, 바닐라, 혹은 다크 초콜릿처럼 묵직하고 따뜻한 계열의 시럽이나 향신료를 매칭했을 때 차의 풍미가 더욱 입체적으로 살아났다. 또한 일반적인 차보다 높은 온도에서 농밀하게 추출한 뒤 신속하게 냉각하여 향을 가두거나, 동물성 혹은 식물성 밀크와 블렌딩하여 티 라떼 형태의 칵테일로 변주했을 때 후발효차만이 가진 부드러운 질감은 극대화되었다. 결국 후발효차는 단순한 차 한 잔의 의미를 넘어, 미생물과 시간이 빚어낸 미학적 깊이를 칵테일이라는 현대적 형식을 통해 전달하는 가장 매력적인 재료로 자리 잡았다.

'달빛 그림자(Moonlight Shadow)'는 한국 전통차 특유의 맛과 정서, 그리고 그윽한 색감을 아이스티 형식으로 풀어낸 창작 음료였다. 이는 월출산에서 자생하는 찻잎으로 빚어낸 발효차인 '월산떡차'를 베이스로 삼고, 여기에 금잔화(Marigold)의 화사함을 더해 계절 티 칵테일로 완성했다.

월산떡차는 찻잎을 떡처럼 찧어 엽전 모양으로 빚은 뒤, 맑은 바람과 따스한 햇볕 아래서 발효시킨 우리나라 전통의 덩어리차(단차)였다. 이는 우리나라 최초의 녹차 브랜드인 '백운옥판차'에서 재현해 낸 유서 깊은 엽전차를 의미했다. 강진 이한영차문화원의 이현정 원장은 이한영 선생의 고손녀로서, 다산 정약용 선생이 정립한 '삼증삼쇄(三蒸三曬)' 제다법을 완벽히 재현했다.

**"모름지기 세 번 찌고 세 번 말려 아주 곱게 빻아야 할 걸세. 반드시 돌샘물로 고루 반죽해서 진흙처럼 짓이겨 작은 떡으로 찍어낸 뒤라야 찰져서 먹을 수가 있다네."**

과거 다산 선생이 제자 이시헌에게 보낸 편지 속 문구처럼, 정성 어린 고행의 과정을 거쳐 탄생한 이 차는 월출산의 휘영청 밝은 달빛을 음료 속에 고스란히 담아냈다.

찻잔 속에 담긴 탕색은 불그스레하면서도 맑았으며, 은은하게 절제된 차향과 입안을 감도는 둥그스레한 단맛은 투명한 달빛을 그대로 닮았다. 이 깊은 베이스가 금잔화를 만나면 황금빛 탕색은 더욱 짙어졌고, 맛은 한층 부드럽고 산뜻한 풍미를 선사했다. 가벼운 꽃향기는 잔 위를 우아하게 감돌며 후각을 자극했다. 만약 이 차가 가진 깊은 단맛을 더욱 풍성하게 즐기고자 한다면 금귤정과를 곁들여 최상의 조화를 구현해 낼 수 있다.



**The 6 _**

후발효차 Post-fermented tea 티 칵테일

**시간의 미학**

티 마스터 _ **강미희**

# Moon-light Shadow

## INGREDIENTS

**Base** 월산떡차 3.5g.
**Liquid**(바디) 찻물 150ml.
**Syrup**(풍미첨가제) 사탕수수 시럽 10ml.
**Garnish** 떡차, 금잔화.
**Glass** 뱀파이어 칵테일 글라스.
**기법** 스터Stir.

## 레서피

글라스에 얼음을 넣어 칠링한다.
믹싱글라스에 찻물,
사탕수수 시럽을 넣고 잘 저어준다.
칠링된 글라스의 얼음을 버린 뒤
믹싱글라스에 음료를 따라준다.
글라스 사이드에 떡차와
금잔화를 놓아 마무리한다.

# Golden Flower

The 6 _

후발효차Post-fermented tea 티 칵테일 **시간의 미학**

티 마스터 _ **강미희**

## INGREDIENTS _

**Base** 보이차 노만아 7g.
**Liquid**(바디) 찻물 150ml.
**Syrup**(풍미첨가제) 제주 호지차 시럽 15ml. 국화시럽 10ml.
**Garnish** 시나몬 스틱, 국화꽃.
**Glass** 온더락 글라스.
**기법** 빌드Build, 셰이크Shake.

## 레서피 _

글라스에 얼음을 넣어 칠링한다.
셰이커에 2/3 얼음을 넣고 찻물과
호지차 시럽을 넣고 셰이킹 해준다.
칠링된 글라스의 얼음을 버린다.
셰이커의 음료를 온더락 글라스에 담은 후
큰 얼음 1개를 넣고 다시 저어준다. 마지막으로
국화시럽을 올려준 뒤 시나몬 스틱으로 저어 준다.

'골든 플라워(Golden Flower)'는 보이숙차가 가진 특유의 노련한 이미지와 떫은맛을 보완하기 위해, 고소하고 부드러운 호지차로 맛의 균형을 정교하게 맞춘 티 칵테일이다. 베이스로 사용한 노만아 보이차는 포랑산 해발 1,700m에 달하는 고산 지대의 자연 생태 환경에서 자란 고차수 나무에서 채엽하여 생산했다.

노만아 보이차는 첫 모금에서 강렬한 쓴맛과 떫은맛이 느껴지지만, 이 고삽미苦澁味는 이내 재빠르게 달콤한 회운으로 변하며 마치 봄에 피어나는 꽃 같은 향기를 선사했다. 차를 마시고 나면 머리가 맑아지고 몸에 기분 좋은 땀이 배어 나오거나 체온이 따뜻하게 올라가는 감각을 경험했다.

온더락 잔에 담긴 모습은 흡사 고급 위스키 한 잔을 연상케 했다. 시각적으로는 위스키와 유사한 깊이를 지녔으나, 그 속에는 알코올 대신 오랜 시간과 자연이 빚어낸 차의 정수를 담았다. 노만아 보이차의 깊은 고삽미에 고소하고 부드러운 호지차 시럽을 더해 맛의 층위를 쌓았고, 그 위로 국화꽃 향기가 은은하게 퍼지는 가을 언덕의 정취를 올렸다. 이 음료를 손에 쥐고 바바리코트 깃을 세운 채 사랑하는 누군가를 기다리는 낭만적인 상상을 더했다. 골든 플라워와 함께하는 시간 속에서, 올가을은 그 어느 때보다 품위 있는 사랑이 찾아올 것만 같은 예감을 선사했다.

# Zest

제스트 블렌드  **Blend**

제스트 블렌드(Zest Blend)는 고소한 코코넛 밀크에 커피시럽과 청태전을 블렌딩하여 스무디 형식으로 만든 음료로, 커피와 차의 이색적인 조화가 특징이다. 청태전은 우리 민족이 오랫동안 즐겨온 고유 발효차의 일종으로, 삼국시대부터 내려온 천 년 역사의 전통차이다. 일제 강점기를 거치며 제다법이 소실되었다가 2000년대 초반 전남 장흥에서 복원되었다. 차의 모양이 엽전을 닮아 '돈차錢茶'라고도 불렸으며, 통일신라시대 승려들은 최대 2년까지 발효시킨 청태전을 즐겨 마셨다고 한다.

'제스트 블렌드'는 차와 커피를 동시에 즐기고 싶은 이들이나 부드럽고 달콤한 음료를 선호하는 이들에게 완벽한 선택이다. 청태전의 깊고 섬세한 향, 커피시럽의 달콤한 풍미, 코코넛 밀크의 고소하고 부드러운 질감이 어우러져 특별한 미식 경험을 선사한다. 이 음료는 차와 커피의 중간 지점에서 새로운 만남을 주선하며, 동양의 차 문화와 서양의 커피 문화를 잇는 독특한 맛의 가교 역할을 한다. 졸음이 몰려오고 나른해지는 오후, 시원한 쉐이크를 원하는 이들에게 즐거운 휴식을 선사할 것이다.

**레서피** _

청태전 6g을 물 600ml와 함께 30분간 끓여
찻물 300ml를 만든 후 차갑게 식힌다.
블랜더에 코코넛 밀크 100ml, 얼음 200g을 넣고 곱게 간다.
글라스에 커피시럽 40ml를 넣고 곱게 간 코코넛 밀크 셰이크를 채운다.
차갑게 식힌 찻물 70ml를 위에 붓는다.

**The 6** _
후발효차Post-fermented tea 티 칵테일
**시간의 미학**
티 마스터 _ **김선정**

# Mellow
# Heal 멜로우 힐

멜로우 힐

멜로우 힐(Mellow Heal)은 건강에 좋은 홍삼과 '7572' 보이차로 만든 밀크티가 만나, 고소하면서도 은은하게 퍼지는 홍삼의 향이 특징인 음료이다. 7572는 맹해차창에서 1975년에 개발한 배합 비율과 제조 방식을 따르는 제품을 의미하며, 대익차를 대표하는 숙차 중 하나이다. 보이 숙차의 표준으로 평가받으며 '맹해의 맛'이라고도 불린다. 중국의 '비물질 문화유산'에 등재된 대익만의 제다 기술로 만들어졌으며, 2002년 '중국 보이차 국제 학술 연토회'에서 금상을 수상하기도 했다.

바쁜 일상 속에서 피로를 느끼고 몸이 지칠 때, 우리는 새로운 활력을 찾고자 한다. 이때 단순히 카페인에 의존하기보다는 몸과 마음을 동시에 보듬어줄 특별한 음료가 필요하다. '멜로우 힐'은 피로가 쌓인 이들과 치유가 필요한 사람들에게 이상적인 선택이다. 홍삼 시럽의 건강한 에너지와 7572 보이차의 은은한 향이 우유와 연유의 부드럽고 달콤한 맛에 녹아들어, 몸을 따뜻하게 감싸고 피로를 풀어준다. 차와 홍삼이 서로 조화를 이루며 지친 일상에 한 모금의 휴식과 새로운 활력을 불어넣어 줄 것이다.

**Base** 7572 대익차 4g.
**Liquid**(바디) 찻물 50ml, 우유 150ml.
**Syrup**(풍미첨가제) 홍삼시럽, 연유.
**Garnish** 밀크폼.
**Glass** 플루트.
**기법** 스터Stir, 빌드Build.

### 레서피 _

7572 찻잎 4g을 물 100ml과 끓여
찻물 50ml을 만든 후 차갑게 식힌다.
우유 150ml와 찻물 50ml, 연유 30ml,
믹싱글라스에 홍삼시럽 20ml를 섞어 밀크티를
만든 후 글라스에 따른다.
생크림 30g, 우유 30g, 설탕 10g을 휘핑기로 저어
밀크폼을 따로 만들어 둔다. 밀크티 위에 원하는 양만큼 올린다.

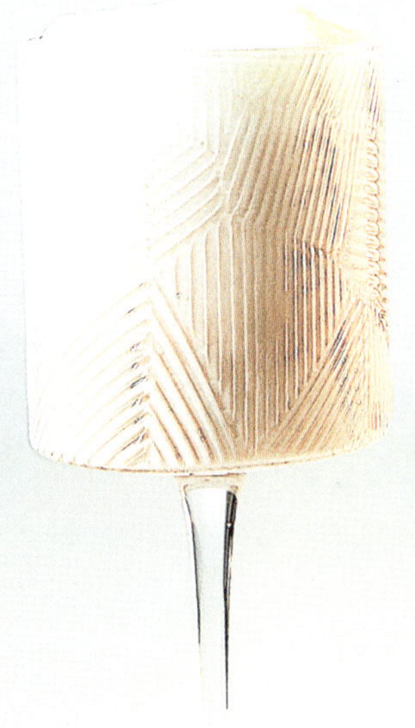

The 6 _
흑발효차Post-fermented tea 티 칵테일 시간의 미학
티 미스터_ 김선정

'블리스타임(Bliss Time)'은 탄산의 청량함과 레몬의 상큼함 뒤로 황차 특유의 은은한 풍미가 뒤따르는, 시원하면서도 따뜻한 온기를 품은 티 칵테일이다. 이 음료의 중심이 되는 '군산은침'은 중국 후난성 동정호의 군산이라는 섬에서 생산하는 귀한 차이다. 청명절 전후에 돋아난 어린 찻잎만을 골라 만들기 때문에 하얀 털로 덮인 길고 날카로운 모습이 마치 은빛 바늘 같다 하여 '은침銀針'이라는 이름을 얻었으나, 분류상으로는 엄연한 황차에 속한다.

이는 제다 과정 중 찻잎을 종이나 천으로 싸서 습도와 온도로 서서히 변화시키는 '민황(悶黃)'이라는 독특한 후발효 과정을 거치기 때문이다. 당나라 시대부터 생산되어 청나라 황실에 진상될 만큼 오랜 역사를 자랑하는 군산은침은 오늘날에도 중국 10대 명차 중 하나로 손꼽힌다.

독보적인 발효 단계를 거치는 덕분에 이 차는 녹차와 홍차의 중간 정도에 해당하는 발효도를 지닌다. 녹차보다 훨씬 부드러우면서도 홍차에 견줄 만한 구수함을 갖추었으며, 쓴맛이 거의 느껴지지 않아 누구나 부담 없이 즐길 수 있다는 점이 큰 장점이다.

군산은침은 차갑게 마시든 뜨겁게 마시든 레몬과 결합했을 때 그야말로 '천상의 조합'을 이룬다. 코끝을 간질이는 상큼한 레몬 향은 바라보는 것만으로도 침샘을 자극하며 미각을 깨운다. 약하게 발효되어 우러난 금황색의 부드러운 수색 속에는 천 년을 이어온 세월의 풍미가 고스란히 녹아들어 있다.

블리스 타임 **Time**
# Bliss

**The 6** _

후발효차Post-fermented tea 티 칵테일 **시간의 미학**

티 마스터 _ **김수연**

### INGREDIENTS _

**Base** 황산 군산은침 3g.
**Liquid**(바디) 찻물 100ml. 탄산수 200ml.
**Garnish** 레몬, 타임, 복숭아 졸임.
**Glass** 올드 패션 글라스.
**기법** 빌드 Build.

### 레서피 _

군산은침 3g을 티팟에 넣고 끓인 물
200ml에 5분간 강하게 우린 후 식힌다.
글라스에 잘게 썰은 복숭아 졸임 40g을 넣고 얼음을 가득 채운다.
글라스에 탄산수 150ml를 부어주고 차가운 찻물 100ml을 천천히 부어준다.

허니
보이 아포가토

# honey

**The 6** _

후발효차Post-fermented tea 티 칵테일 **시간의 미학**

티 마스터 _ **김수연**

'허니 보이 아포가토'는 수천 년의 역사를 간직한 동양의 보이차와 서양의 대표적인 디저트 문화가 만나 이색적이면서도 특별한 하모니를 이룬다. 이 메뉴의 미학적 중심에는 '7542'라는 암호 같은 이름이 존재하며, 여기에는 차의 혈통과 정체성이 고스란히 담겨 있다. 숫자 '75'는 이 전설적인 블렌딩 레서피가 처음 세상에 나온 1975년을 의미한다. 세 번째 숫자인 '4'는 찻잎의 등급을 나타내는데, 이는 너무 어리지도 너무 억세지도 않은 중간 크기의 찻잎을 사용하여 차의 힘과 부드러움 사이에서 절묘한 균형감을 유지한다.

## INGREDIENTS _

**Base** 보이 7542 2g.
**Liquid**(바디) 찻물 100ml, 아이스크림 120ml.
**Syrup**(풍미첨가제) 흑당 시럽 10ml.
**Garnish** 밀랍꿀.
**Glass** 소서형 샴페인 글라스.
**기법** 빌드Build, 플로트Float.

## 레서피 _

보이차 2g을 티팟에 넣고 끓인 물 150ml에
5분간 강하게 우린 후 식힌다.
글라스에 아이스크림 한 스쿱을 넣고
그 위에 흑당 시럽을 올린다.
차갑게 식힌 찻물을 조심하여 글라스에 붓는다.
밀랍벌꿀 한 조각을 아이스크림 위에 올린다.

마지막 숫자 '2'는 이 유서 깊은 레시피를 전담하여 생산하는 맹해차장(생산공장)을 상징하는 고유 번호이다.

보이차가 지닌 특유의 묵직한 바디감과 세월이 빚어낸 차분한 흙 내음은 차가운 바닐라 아이스크림의 유분과 만났을 때 놀라운 미식적 변주를 일으킨다. 뜨겁게 우려낸 보이차를 아이스크림 위에 천천히 부으면, 차의 짙은 수색이 흰 아이스크림을 타고 흐르며 더욱 고소하고 농밀한 풍미의 층위를 쌓는다.

여기에 자연의 생명력을 그대로 간직한 천연 밀랍꿀과 은은한 불향을 머금은 흑당을 추가로 곁들여 맛의 정점을 찍는다. 밀랍꿀의 진득한 단맛과 흑당의 깊은 잔향은 차의 고삽미를 포근하게 감싸 안으며 입안 가득 감미로운 여운을 남긴다. 이러한 조합은 단순한 달콤함을 넘어 보이차가 가진 시간의 깊이를 현대적인 감각으로 즐기게 하는 매력적인 요소가 된다. 한 번 맛본 이들이 그 오묘한 결합을 잊지 못해 다시 찾게 만드는 것, 그것이 바로 허니 보이 아포가토가 선사하는 거부할 수 없는 마력이다.

'함박웃음 아이스티'는 차가운 온도 속에서도 몸을 따뜻하게 보호하는 고유의 기능을 갖춘 음료이다. 부드러운 목 넘김과 상큼한 풍미가 어우러져 우리 몸의 기운이 원활하게 소통하도록 돕는 역할을 수행한다. 이 음료의 주재료인 '옹호황아'는 중국 후난성 위에양시 군산 남호 지역에서 생산하는 역사가 깊은 명차이다. 군산은침과 같은 지역에서 나고 자란 차이지만, 찻잎의 생김새는 확연히 다르다. 날카롭고 뾰족한 은침과 달리, 황아차는 둥그스름하고 원만한 어린잎의 형태를 띠며 시각적으로도 부드러운 인상을 준다.

함박웃음 아이스티의 정수는 아홉 번 찌고 아홉 번 말린 구중구포(九蒸九曝)의 쌍화유자단자와 옹호황아의 결합에 있다. 발효가 잘된 이 두 재료는 맛과 향에서 최상의 조화를 이룰 뿐만 아니라 약용으로서의 가치도 훌륭하다. 이들의 결합은 감기 예방에 탁월한 효과가 있으며, 답답하게 막힌 속의 기운을 시원하게 뚫어주는 데 도움을 준다.

본래 한방에서 쌍화탕은 기(氣)와 혈(血)을 쌍으로 조화롭게 한다는 깊은 의미를 지닌다. 허약해진 기력을 보강하고 피로한 증세를 완화하기 위해 처방하는 귀한 탕재이다. 하지만 정성껏 달여야 하는 탕약은 일상에서 마시기에는 번거로운 점이 많다. 이를 차의 형태로 우려낸다면 누구나 간편하고 편안하게 그 효능을 누릴 수 있다. 유자의 풍부한 비타민 C와 쌍화의 원기 회복 기능이 극대화되고, 여기에 옹호황아의 부드러움이 층층이 쌓인 '함박웃음 아이스티'는 지친 현대인에게 안성맞춤인 음료이다. 이 한 잔을 통해 피로를 씻어내고 맑은 기운을 되찾아 이름 그대로 함박웃음을 지을 수 있기를 기대한다.

INGREDIENTS _

**Base** 옹호황아(황차) 3g.
**Liquid**(바디) 냉침한 쌍화유자단자 120ml, 찻물 50ml.
**Syrup**(풍미첨가제) 유자청 20ml.
**Garnish** 작약꽃 얼음 1개.
**Glass** 글라스 개완 150ml.
**기법** 빌드Build, 스터Stir.


레서피 _

끓인 물로 쌍화유자단자를 세차하고 30분 정도 불려서 24시간 냉침한다.
옹호황아 3g을 끓인 물 200ml로 3분간 우려서 식힌다.
건 작약꽃을 끓인 물로 세차하여 꽃가루를 씻어내고 우려서 5cm 원형 얼음틀에 얼린다.
냉침한 쌍화유자단자 100ml, 찻물 50ml에 유자청 20ml을 희석한다.
작약꽃 얼음을 띄우고 차 거름망을 통해 천천히 붓는다.

함박 웃음 아이스 티

# Bright smile Ice tea


**The 6** _

후발효차Post-fermented tea 티 칵테일 **시간의 미학**

티 마스터 _ **김종분**

'예루살렘 아티초크 푸얼차'는 중후한 보이차의 기운과 엘더플라워 시럽의 화사한 향이 만나 부드러운 시작을 알리고, 그 뒤로 뚱딴지꽃의 은은한 잔향이 길게 이어져 마지막 모금까지 차의 매력에서 헤어나오기 어렵게 만드는 음료이다. 본래 보이생차는 햇빛에 건조한 운남의 신선한 대엽종 찻잎을 원료로 삼아 만드는 녹차의 일종이다. 이와 대조적으로 보이숙차는 생차와 원료는 같으나, 찻잎을 두껍게 쌓아놓고 물을 뿌려 온도를 높이는 '악퇴渥堆'라는 특별한 후발효 공정을 거쳐 탄생한다. 이 인위적인 발효 과정을 통해 찻잎에는 세월의 깊이가 담긴 진한 향이 스며들며, 미생물의 개입으로 인체에 유익한 새로운 물질들을 다량 생성한다.

음료의 이름에 등장하는 예루살렘 아티초크는 우리말로 '돼지감자'를 뜻한다. 이름만 들으면 친숙한 토종 식물 같으나, 사실 감자와는 종이 다른 외래 귀화식물이다. 돼지감자는 천연 인슐린이라 불리는 이눌린 성분이 풍부하여 다이어트는 물론 당뇨와 심혈관 질환 예방에 도움을 주는 슈퍼푸드이다. 특히 돼지감자 특유의 구수한 흙 내음과 은은한 단맛은 보이숙차가 가진 묵직한 풍미와 완벽한 일체감을 이룬다.

가을날 노랗고 커다란 꽃을 피우는 뚱딴지꽃은 비타민 C가 풍부하여 면역력을 높이고 항산화 효과를 발휘하며 만성 피로를 해소하는 데 일조한다. 여기에 서양에서 '서민들의 약상자'라 불리는 엘더플라워를 더해 기능성을 강화한다. 엘더플라워에는 안토시아닌이 풍부하여 감기 예방이나 염증 완화에 효과적이다. 보이차 위에 피어난 뚱딴지꽃의 우아한 향기와 새콤달콤한 엘더플라워 시럽의 조화는 동서양의 식재료가 빚어낼 수 있는 가장 특별하고도 건강한 맛을 구현한다.

# Jerusalem artichoke Puercha

**The 6** _

후발효차Post-fermented tea 티 칵테일 **시간의 미학**

티 마스터 _ **김종분**

## INGREDIENTS _

**Base** 보이차 3g, 돼지감자 1g.
**Liquid**(바디) 찻물 110ml.
**Syrup**(풍미첨가제) 엘더플라워 시럽 20ml.
**Garnish** 뚱딴지꽃 얼음 2개.
**Glass** 샴페인 글라스.
**기법** 빌드Build, 스터Stir.

## 레서피 _

보이차 3g, 돼지감자 1g을 끓인 물로 빠르게 세차한 후
200ml 물로 3분간 우려 식혀둔다.(여러 차례 우려서 희석해서 식혀둔다.)
뚱딴지 꽃차 2장을 끓인 물로 우려서 5cm 원형 얼음틀에 얼린다.
식힌 찻물 110ml에 엘더플라워 시럽 20ml을 섞는다.
뚱딴지꽃 얼음을 쌓아 올리고 시럽이 섞인 찻물을 천천히 붓는다.

**The 6** _

후발효차 Post-fermented tea 티 칵테일 **시간의 미학**

티 마스터 _ **박정숙**

## INGREDIENTS _

**Base** 보이말차 2.5g.
**Liquid**(바디) 산양유 300ml.
**Syrup**(풍미첨가제) 핑크 솔트 2g.
**기법** 스터Stir, 플로트float.

### 레서피 _

믹싱글라스에 산양유 300㎖, 히말라야 핑크 솔트 2g,
카페시럽 60㎖가 잘 섞이도록 저어준다.
다완과 차선을 예열한다.
다완에 보이말차 2.5g을 물(50℃, 10㎖)로 풀어준다.
다완에 물 60㎖를 마져 부어주고 격불한다.
칠링한 글라스에 각얼음을 가득 채우고,
믹스한 산양유를 붓는다.
격불한 보이 말차를 플로팅하여 마무리 한다.

# Tibetian
## Milk Tea

'티베티안 밀크티'는 화이트와 블랙이 대비되는 깔끔한 비주얼로 음료를 마시기 전부터 시각적인 설렘을 선사한다. 이 차는 티베트의 전통차인 '수요우차(酥油茶)'와 몽골의 '수테차(Suutei Tsai)'를 현대적으로 재구성한 메뉴이다. 척박한 고원 지대에서 허기를 달래고 에너지를 보충하던 유목민의 지혜를 빌려, 한 잔의 음료로도 충분한 영양과 포만감을 느낄 수 있도록 설계했다.

전통적인 수요우차와 수테차는 흑차의 일종인 전차(磚茶)를 진하게 우려낸 뒤, 마유나 우유, 양유를 섞고 소금과 버터를 넣어 끓여 마시는 차이다. 티베트와 몽골 같은 고지대 사람들에게 차를 끓여 마시는 행위는 단순한 기호를 넘어 비타민과 무기질을 공급받는 아주 중요한 생존의 수단이자 음식 섭취와도 같다. 채소를 구하기 힘든 환경에서 차는 필수적인 영양소의 보고 역할을 수행한다.

전통차의 풍미를 살리기 위해 사용한 히말라야 핑크 솔트는 히말라야산맥 구릉지대에서 채취하는 천연 암염이다. 이는 각종 미네랄이 풍부할 뿐만 아니라 간수가 없어 깨끗하고 깔끔한 맛을 내는 고급 소금이다. 소금은 차의 감칠맛을 끌어올리고 우유의 고소함을 극대화하는 핵심적인 역할을 담당한다.

시원하게 즐기는 '티베티안 밀크티'는 적절한 열량과 기분 좋은 포만감을 동시에 제공한다. 진하게 우러난 차의 기운과 우유의 부드러움, 소금의 깔끔함이 어우러진 맛은 마치 고급 코코아를 마시는 듯 편안하고 든든한 여운을 남긴다. 이는 고원의 거친 생명력을 현대적인 세련미로 치환한 특별한 밀크티이다.

### The 6 _

후발효차Post-fermented tea 티 칵테일 **시간의 미학**

티 마스터 _ **박정숙**

'흑차 에스프레소'는 천년 전, 차를 솥에 넣고 끓여 마시던 당나라 시대의 차 문화를 현대적으로 재해석하여 만든 티 칵테일이다. 이 음료의 주재료인 '거강박편'은 아주 오래전부터 흑차 생산지로 명성을 떨친 중국 후난성 안화 지역에서 생산한다. 그 역사는 무려 2,300년 전으로 거슬러 올라가며, 당나라 시대 사료에 따르면 거강의 박편은 그 품질이 매우 뛰어나 조정의 공물로 지정될 만큼 귀한 대접을 받았다. 박편薄片이란 이름 그대로 '얇은 조각'을 뜻하며, 옛 동전처럼 둥글고 납작한 모양을 취하는 것이 특징이다. 거강박편 역시 다른 흑차와 마찬가지로 '악퇴'라는 독특한 미생물 발효 공정을 거친다. 이 과정을 통해 찻잎 특유의 쓴맛과 혀를 자극하는 수렴성 성분이 산화 및 분해되어 사라지고, 그 자리에 순하고 편안한 맛이 차오른다. 오랜 세월을 견딘 흑차의 맛은 마치 시간의 무게를 머금은 듯 깊고 웅장한 풍미를 선사한다. 또한 거강박편은 체내 지방 축적을 방지하여 다이어트에 효과가 있으며, 심혈관 질환 예방과 면역력 강화에도 일조한다. 소화 촉진과 변비 예방은 물론, 테아닌 성분이 풍부하여 스트레스를 완화하는 데에도 탁월한 효능을 발휘한다.

고운 가루 형태로 만든 흑차를 차갑게 즐기기 위해서는 맛의 중심을 잡아줄 달콤함이 필요하다. 이때 대중에게 익숙한 바닐라 시럽의 도움을 받으면 커피와는 전혀 다른, 진하면서도 깔끔한 흑차 에스프레소의 정수가 완성된다. 흑차 에스프레소 한 잔은 하루를 시작하는 이들에게 맑은 정신과 건강한 에너지를 부여하는 최상의 선택이다.

# Dark Tea Espresso

## INGREDIENTS

**Base** 거강박편 3g.
**Liquid**(바디) 찻물 80ml.
**Syrup**(풍미첨가제) 바닐라 시럽 10ml.
**Glass** 튤립 글라스 140ml.
**기법** 셰이크Shake.

## 레서피

거강박편을 강하게 구워 다연에 갈아준다
갈아놓은 차를 고운 채로 걸러주고, 가늘고 고운 차만을 사용한다.
거강박편 3g을 물(100℃, 80ml)로 3분간 강하게 우린 후 얼음물에 차갑게 식힌다.
셰이커에 차갑게 식힌 찻물 80ml, 바닐라 시럽 10ml, 각얼음 8개를 넣고 차를 풀어
주고, 각 얼음 8개를 넣어 쉐이킹한다.
칠링해 놓은 글라스에 셰이커의 폼이 살아있도록 음료와 함께 부어 마무리한다.

## INGREDIENTS _

**Base** 소타차 3g.
**Liquid**(바디) 우유 200ml.
**Syrup**(풍미첨가제) 소타보이차시럽(소타차＋흑당) 50ml.
**Glass** 고블린 글라스.
**기법** 플로트Float, 셰이크Shake.


## 레서피 _

칠링한 Glass에 소타시럽 50ml를 넣는다.
(100℃ 물 100ml에 소타차 3g을 넣고 3분 우린 후 흑당고 50g을 넣고 끓인다)
큐빅 얼음 10조각을 넣는다. 우유를 넣는다. 흑당 타피오카 펄 10알을 넣는다.
인스탄트 커피 2g＋우유 200ml＋생크림 30ml을 넣고 거품을 낸다.
위에 휘핑 거품을 얹는다. 흑당을 치즈 커터기로 가루내어 뿌린다.

후발효차Post-fermented tea 티 칵테일 **시간의 미학**

티 마스터 _ **신순규**

소타흑당
라떼

# Latte

'소타흑당 라떼'는 흑당의 진득한 달콤함과 우유의 고소함이 커피의 쌉쌀한 풍미와 어우러져, 음료 그 이상의 기분 좋은 미식 경험을 선사한다. 이 메뉴의 베이스가 되는 '소타차'는 운남성의 보이생차와 숙차를 강한 압력으로 눌러 만든 작고 동그란 형태의 긴압차이다. 소타차는 보관이 편리할 뿐만 아니라 한 번에 우려내기 적당한 분량으로 나뉘어 있어 현대적인 티 메뉴를 구성하기에 매우 효율적인 재료이다.

이 음료에는 보이차의 고향인 운남성의 동파객(東巴客)에서 정성껏 만든 흑당고가 더해진다. 진하게 우려낸 소타차에 깊은 풍미의 흑당을 녹여내고, 그 위로 부드러운 커피 폼을 얹어 맛의 층위를 완성한다. 보이차의 묵직한 기운과 흑당의 감미로움, 그리고 커피의 날카로운 향이 교차하는 지점은 마치 영화 〈러브스토리〉의 주제곡 'Snow Frolic'이 흐르는 평화로운 풍경을 떠올리게 한다.

하얀 눈밭 위로 몸을 던져 천진하게 웃던 영화 속 장면처럼, 소타흑당 라떼는 순수한 즐거움과 아련한 향수를 동시에 자극한다. 차가운 눈밭에서 느꼈던 짜릿함과 옛 연인의 달콤한 입술을 그리워하는 마음이 이 한 잔의 차 속에 공존한다. 보이차와 커피라는 동서양의 대표적인 기호식품이 만나 빚어내는 이색적인 풍미는 일상의 **지루함**을 달래주는 특별한 선물이 된다.

'류바오 블랙'은 복잡한 다구 없이도 가장 간편하게 즐길 수 있도록 고안한 후발효차 기반의 건강 밀크티이다. 잔에 따라 마시는 여유는 물론, 이동 중에도 바로 마실 수 있도록 유리병 용기에 담아 현대적인 편리함을 더했다. 이 음료의 근간이 되는 육보차Liubao Tea는 무려 1,500여 년의 장구한 성상을 간직한 유서 깊은 흑차이다. 독특한 제조 공정과 오랜 세월의 숙성을 거치며 형성된 육보차의 향은 흑차 중에서도 독보적으로 깊고 풍부한 위상을 차지한다.

역사적으로 육보차가 중국 광시와 광둥 지방을 넘어 동남아시아 전역에서 폭발적인 인기를 끌었던 비결은 아열대의 고온다습한 기후와 밀접한 관련이 있다. 육보차에는 습한 기운을 물리치고 더위를 이겨내게 하는 강력한 힘이 깃들어 있기 때문이다. 이러한 특성에 착안하여, 한국의 무더운 여름을 건강하게 날 수 있는 최적의 음료로 시원한 육보차를 선택했다.

중국 광시 장족자치구 육보진에서 생산하는 육보차는 흔히 홍(紅:붉고), 농(濃:진하고), 진(陳:세월의 향이 있고), 순(醇:부드러운)이라는 네 가지 형용사로 그 특징이 요약된다. 혈액순환 촉진, 항암 작용, 면역력 강화에 탁월한 효능을 보이는 육보차에 몸을 따뜻하게 데워주는 시나몬과 대추 등 한방 재료를 조화롭게 배합했다. 이는 육보차가 가진 천 년의 세월을 현대적인 감각으로 재해석하여, '간편함과 건강'이라는 현대인의 음료 선택 기준을 완벽히 충족하는 시도이다. 류바오 블랙은 세월의 무게를 가볍고 건강하게 즐길 수 있는 가장 진화된 형태의 차 음료이다.

# liubao

## 류바오블랙

# liubao
## black



**INGREDIENTS** _

**Base** 육보차 6g, 대추 티백 1개, 시나몬 스틱1개, 설탕 40g, 물 15ml.
**Liquid**(바디) 우유 440ml.
**Glass** 뚜껑 머그컵.
**기법** 냉침.


**레서피** _

머그컵에 육보차 6g, 시나몬 스틱 1개, 대추 티백 1개, 설탕을 넣는다.
뜨거운 물 15ml를 넣고 설탕이 다 녹을 때 까지 흔들어 준다.
15분 후 우유를 넣고 뚜껑을 닫는다.
냉장고에 12~24시간 보관 후 마신다.

145

## INGREDIENTS _

**Base** 청태전 3g.
**Liquid**(바디) 찻물 120ml.
**Syrup**(풍미첨가제) 메리골드 시럽 40ml.
**Garnish** 메리골드 꽃.
**Glass** 더블 월 글라스.
**기법** 빌드Build.


**레서피 _**

청태전 3g을 물 600ml에 30분 끓여 150~200ml가 되도록 조린다.
끓인 찻물 120ml 정도를 식힌다.
칠링된 글라스에 메리골드 꽃 시럽 40ml를 넣은 후, 얼음을 잔의 80% 정도 채운다.
찻물을 부어 완성한다.

**The 6 _**

후발효차Post-fermented tea 티 칵테일 **시간의 미학**

티 마스터 _ **이계자**

# 그린모스 티 Green-moss tea

'그린모스 티'는 자연의 순환과 조화를 테마로 하여 청태전과 메리골드 시럽의 만남을 주선한 음료이다. 이는 전통의 깊이와 자연의 생명력을 동시에 담아낸 독창적인 시도이며, 고요한 아름다움을 미각적으로 표현한 결과물이다. 숲속에서 오랜 시간 숙성된 고요함과 메리골드의 밝은 에너지는 마치 깊은 숲길 끝에서 만난 흙 내음과 화사한 들꽃 향기처럼 조화롭게 어우러져 햇살 같은 노란빛을 머금는다. 청태전(靑苔錢)은 '푸른 이끼가 낀 엽전 모양의 차'라는 뜻을 지닌다. 여기서 푸른 이끼는 단순히 외형을 넘어 오랜 세월의 흐름을 품었다는 상징성을 내포한다. 전라남도 장흥 지역에서 주로 생산하기에 '장흥 돈차'라고도 불린다. 건조 후 항아리에 넣어 1년 이상 숙성한 뒤, 마시기 직전 불에 살짝 구워내면 그 맛과 향이 더욱 그윽해진다.

청태전을 활용해 시원한 음료를 만들기 위해서는 일반적인 우림 방식이 아니라, 오랜 시간 은근하게 끓여 졸이는 방법으로 진한 티 베이스를 추출해야 한다. 이는 서기 1391년, 명나라 태조 주원장이 덩어리 차의 폐단을 지적하며 잎차(산차)를 장려했던 '폐단개산(廢團改散)' 칙령이 내려지기 전의 방식을 답습하는 것이기도 하다.

청태전 베이스에 메리골드 시럽을 더한 그린모스 티는 꽃의 생명력과 밝은 에너지를 투영한 황금빛 티타임을 완성한다. 밝은 노란색의 탕색과 코끝을 스치는 은은한 꽃향기는 마치 봄날 남쪽 바다의 따스한 햇살을 가득 안은 장흥 바다의 정취를 떠올리게 한다. 이는 과거의 전통과 현대의 감각이 조화와 균형을 이룬 격조 높은 한 잔이다.

# 플로리 영귤보이
## Flori
## Citus-puer

'플로리 영귤보이'는 작은 귤껍질 속에 정성스레 담긴 발효차에 국화의 맑고 순수한 향을 보태어, 현대인에게 평온과 안정을 선사하는 부드러운 차 한 잔이다. 발효차 특유의 묵직한 풍미와 은은한 꽃향기는 자연의 고요함과 식물의 섬세한 아름다움을 고스란히 담아낸다. 이는 동양적 전통과 자연의 정수를 현대적인 감각으로 재해석하여, 마음의 평안과 생동감 넘치는 활력을 동시에 전하는 특별한 시도이다.

이 음료의 핵심 재료인 '소청감(小靑柑)'은 어린 귤(청감)의 속을 파낸 뒤 그 안에 발효된 보이차를 채워 넣고 건조 및 숙성시킨 차이다. 중국 광둥성 신회(新會) 지역의 특산물로, 차와 과일이 하나로 결합한 독특한 형태를 취한다. 일찍이 초의선사는 그의 저술에서 "하늘은 차나무에 귤의 덕성을 짝하도록 하였다.(后皇嘉樹配橘德)"라고 노래했다. 이처럼 보이차와 귤의 만남은 시대를 초월하여 인정받는 천상의 조합이라 할 수 있다.

시간을 머금은 보이차의 묵직함은 어린 청귤 껍질의 싱그러움과 어우러져 풍부한 감칠맛과 풋풋한 향기를 완성한다. 이는 자연의 푸르름과 시간의 미학이 겹겹이 쌓인 결과물이다. 여기에 가을의 상징이자 건강의 전령사인 국화꽃 시럽을 더해 맛의 층위를 한 단계 높였다. 국화의 은은한 향기와 시럽의 기분 좋은 단맛은 상쾌한 기운을 불어넣으며, 지친 몸과 마음을 치유하는 자연의 귀한 선물과도 같은 역할을 수행한다.

INGREDIENTS _

**Base** 소청감 1개(9.5g).
**Liquid**(바디) 찻물150ml.
**Syrup**(풍미첨가제) 국화꽃 시럽 40ml.
**Garnish** 국화꽃, 청귤 슬라이스.
**Glass** 허리케인 글라스.
**기법** 빌드Build.

**레서피** _

소청감 1개를 100℃의 물 200ml에 5분간 우린 후 식힌다.
칠링된 글라스에 국화꽃 시럽 40ml를 넣은 후, 얼음을 잔의 80% 정도 채운다.
찻물 150ml을 붓고 청귤 슬라이스와 국화꽃으로 가니시 한다.

**The 6** _

후발효차Post-fermented tea 티 칵테일 **시간의 미학**

티 마스터 _ **이계자**

## INGREDIENTS _

**Base** 경위복차 3g.
**Liquid**(바디) 토닉 워터 40ml, 찻물 40ml.
**Syrup**(풍미첨가제) 레드뱅쇼 20ml, 생강청10ml.
**Garnish** 미니 사과, 타임.
**Glass** 와인 글라스.
**기법** 셰이크shake.


## 레서피 _

와인 글라스에 얼음을 넣고 칠링한다.
경위복차를 진하게 우려서 칠링한다.
셰이커에 얼음을 60% 넣고 레드뱅쇼 20ml,
생강청 10ml, 칠링된 경위복차 40ml를 넣어 셰이킹 한다.
글라스에 셰이킹한 음료를 붓고, 토닉 워터 40ml을 붓는다.
미니 사과를 바퀴 모양으로 글라스에 꽂아주고 타임으로 가니시 한다.

# Dark
# tea
다크티 뱅쇼

**The 6** _

후발효차Post-fermented tea 티 칵테일 **시간의 미학**

티 마스터 _ **조영아**

'다크티 뱅쇼'는 오랜 역사를 지닌 명나라의 '경위복차'와 유럽의 겨울철 민간요법인 '레드 뱅쇼'를 결합하여 탄생시킨 독창적인 티 칵테일이다. 이는 머나먼 동양의 세월과 서양의 겨울 정취를 한 잔의 음료로 연결하는 기나긴 시간의 여정이다. 베이스 티로는 흑차의 일종인 경위복차를 사용한다. 복차는 대엽종을 사용하는 보이차와 달리 소엽종으로 만들어지기에 탕색이 부드럽고, 특유의 단맛과 향이 도드라져 한결 편안하고 깔끔한 맛을 구현한다. 복차茯茶라는 이름의 유래에는 흥미로운 가설들이 존재한다. 무더운 여름 복날에 만들어졌기에 '복'자가 붙었다는 설과, 그 효능이 한약재인 복령茯苓과 흡사하여 이름 붙여졌다는 설이 공존한다. 섬서성 함양 지역의 독특한 가공 방식을 따르는 이 차는 명나라 시대의 기록에 등장할 만큼 유서 깊으나, 오늘날과 같은 상품화된 복차의 모습은 2008년에 이르러서야 비로소 복원했다.

역사적으로 중국의 주요 수출품 중 차는 가장 중요한 위치를 차지했다. 특히 복차는 차 한 덩이가 말 한 마리와 교환될 만큼 압도적인 가치를 지닌 보물이었다. 이는 채소를 구하기 힘든 중국 서북방 소수 민족들에게 복차가 필수적인 영양 공급원이자 생명 유지의 핵심이었기 때문이다. 복차의 외관을 자세히 들여다보면 노란 꽃처럼 피어난 '금화金花'가 가장 먼저 반긴다. 금화는 유익한 곰팡이균인 '관돌산낭균'으로, 성인병 예방에 탁월한 효능을 발휘한다. 연구 결과에 따르면 이는 인체의 지방 화합물을 분해하고 혈액 지질, 혈압, 혈당, 콜레스테롤 수치를 현저하게 낮추는 역할을 수행한다. 이처럼 귀한 복차 베이스에 과일과 향신료를 더해 끓여낸 다크티 뱅쇼는 고기나 기름진 음식 뒤에 섭취했을 때 속을 깔끔하게 달래주고 소화를 돕는 최고의 미식 파트너가 된다.

INGREDIENTS _

**Base** 보이숙차 흘묵(흑차) 5g.
**Liquid**(바디) 맥주 뱅쇼 120ml, 찻물 100ml.
**Glass** 하이볼 글라스.
**기법** 스터Stir.


레서피 _

하이볼 글라스에 얼음을 넣고 칠링한다.
칠링한 찻물 100ml을 붓는다.
맥주 뱅쇼 120ml를 글라스에 붓고 잘 저어준다.

'비베레(Bibere)'는 낙엽이 흩날리는 가을의 끝자락, 마음에 드는 책 한 권을 곁에 두고
고요히 음미하기에 더없이 좋은 티 칵테일이다. 이 음료의 테마인 '흘묵吃墨'은 직역하
면 '먹물을 먹는다'라는 뜻을 지닌다. 이는 단순히 먹물처럼 검은 보이차의 수색을 비유
한 것이 아니라, 그 속에 담긴 지독한 몰입과 예술적 혼에 관한 깊은 경의를 담고 있다.

비베레

# Bibere

**The 6** _

후발효차Post-fermented tea 티 칵테일 **시간의 미학**

티 마스터 _ **조영아**                    

운남의 고수차를 표방하는 브랜드 '우림(雨林)'에서 생산한 흘묵의 포장지에는 중국 최고의 명필 왕희지(王羲之)의 필체로 '吃墨(흘묵)' 두 글자가 멋지게 새겨져 있다. 이 제목에는 동진(東晉)의 대서예가 왕희지의 어린 시절 일화가 서려 있다. 소년 시절의 왕희지는 식사 시간조차 아껴가며 글씨 쓰기에 매진했다. 하루는 그의 어머니가 방에 들어가 보니, 글씨 삼매경에 빠진 소년이 만두를 간장 대신 먹물에 찍어 먹고 있었다. 입 주변이 온통 먹물로 물드는 줄도 모른 채 몰입했던 천재 소년의 정진은, 오늘날 붓글씨를 배우는 이라면 반드시 거쳐야 하는 교본인 '왕희지체'의 근간이 된다. 그는 단순한 기록의 수단이었던 서예를 고고한 예술의 경지로 승화시킨 위대한 예술가이다.

왕희지의 작품은 사후에도 수많은 문인과 황제들의 열렬한 흠모를 받았다. 특히 당나라 태종의 사랑은 유별날 정도로 특별했다. 그는 신하들에게 돈과 비단을 아끼지 말고 수단과 방법을 가리지 않고 왕희지의 진필을 수집하라는 특명을 내릴 만큼 열정적이었다. 심지어 그는 수집한 왕희지의 모든 작품을 자신의 무덤에 함께 부장하라는 유언을 남기기도 했다. 흘묵의 포장지를 장식하고 있는 문장이 바로 당태종이 죽는 순간까지 품고 가고자 했던 서예의 극치, '난정집서(蘭亭集序)'의 일부이다.

보이숙차인 흘묵을 현대적인 아이스티로 디자인하며, 여기에 맥주를 끓여 만든 뱅쇼(비에르쇼)를 더해 축배의 의미를 부여했다. 음료의 이름인 '비베레(Bibere)'는 라틴어로 '마시다'라는 뜻을 지닌 동사이다. 왕희지가 활동했던 서기 4세기 초부터 지금까지, 우리와 그는 1,700년이라는 기나긴 인연의 끈으로 이어져 있다. 1,700년의 성상을 넘어 오늘날까지 생명력을 이어오는 예술의 정수와 왕희지 선생을 기리며 올리는 뜨거운 축배, 그것이 바로 비베레가 지닌 진정한 가치이다.

'어텀 블렌드(Autumn Blend)'는 가을의 풍요로움과 자연에서 얻은 소박한 재료들이 어우러져 따뜻하고 구수한 풍미를 전하는 음료이다. 호박 시럽의 달콤함과 나미향 보이차의 깊이, 그리고 자색 고구마의 부드러움이 만나 가을의 따스한 온기를 가득 담아낸다. 이 음료는 각 재료가 층층이 쌓인 레이어드(Layered) 형태로 제공되어 마시기 전부터 시각적인 즐거움을 선사한다. 깊고 그윽한 가을의 색감을 고스란히 투영한 어텀 블렌드는 차분하면서도 따뜻한 향기를 공간 가득 전한다.

음료의 모습은 붉고 황금빛으로 물든 단풍처럼 자줏빛과 호박색의 매혹적인 조화를 이룬다. 투명한 유리잔을 통해 퍼져 나오는 빛깔은 가을 저녁의 나른한 햇살을 닮아, 보는 이의 마음을 고요하고 아늑하게 감싸준다. 베이스로 사용한 나미향 보이차는 묵직한 흙 내음과 은은한 나무 향을 기본으로 하며, 여기에 찹쌀의 부드럽고 고소한 향이 더해져 마시는 순간 깊은 편안함을 준다.

진한 자줏빛의 고구마와 황금빛 호박 시럽이 이루는 선명한 대비는 가을의 풍성한 수확을 상징한다. 나미향 보이의 숙성된 맛은 달콤한 구황작물들과 만나 자극적이지 않으면서도 속을 든든하게 채워주는 힘을 갖는다. 어텀 블렌드는 단순히 갈증을 해소하는 음료를 넘어, 계절의 변화를 미각과 시각으로 향유하게 하는 가을날의 소중한 선물이다.

# Autumn
## Blend

### INGREDIENTS _

**Base** 보이차 나미향 5g.
**Liquid**(바디) 물 200ml.
**Syrup**(풍미첨가제) 펌킨 시럽 20ml.
**Garnish** 자색 고구마 5g.
**Glass** 와인 글라스.
**기법** 플로팅floating.

### 레서피 _

나미향 보이차 5g에 물 200ml를 넣고 5분간 우린다. 나미향 보이차를 우린 찻물 200ml 중
100ml은 자색 고구마 말린차를 넣고 진하게 우린다. 글라스에 펌킨시럽 20ml, 찻물 100ml,
자색 고구마 찻물 100ml를 빌드 기법으로 넣는다. 마실 때는 잘 혼합하여 마신다.

## The 6 _

후발효차Post-fermented tea 티 칵테일 **시간의 미학**

티 마스터 _ **최선주**

'티벳 오리진(Tibetan Origin)'은 전통적인 티베트의 고요한 정신과 현대적인 미식 감각이 조화를 이루는 음료이다. 우유와 설탕을 배합하여 부드럽고 달콤한 맛을 구현하며, 한 잔의 차를 통해 차분한 평온함과 티베트 고원의 고요한 에너지를 일상 속에서 경험하게 한다. 이 밀크티는 마치 거대한 산맥의 중턱에서 잔잔한 호수에 비친 대자연을 바라보는 듯한 평온한 정취를 전달한다. 이 음료는 티베트의 전통차인 '수유차(Tibetan Butter Tea)'에서 영감을 얻어 탄생했다. 여기에 얼그레이의 고급스러운 향기를 더해, 한 모금 마실 때마다 부드럽고 우아한 여운이 입안에 남도록 설계했다. 특히 보이차를 일본식 로열 밀크티 방식으로 재해석하여, 찻잎을 진하게 끓여냄으로써 농축된 풍미와 깊이를 극대화한다. 이는 티베트의 대표적인 발효차인 장차藏茶의 묵직한 풍미와 영양적 특징을 고스란히 담아내기 위한 의도적인 선택이다.

여기에 타피오카 펄의 쫀득한 식감을 더해 마시는 즐거움과 새로운 차원의 재미를 부여한다. 타피오카 펄은 자칫 무거울 수 있는 발효차 기반의 밀크티에 리듬감을 주며, 마시는 동안 티베트의 따뜻한 온기를 현대적인 감각으로 느끼게 한다. 티벳 오리진은 마시는 이에게 티베트의 장엄한 풍경과 마음이 교감하는 특별한 순간을 선사하며, 한 잔의 음료로 떠나는 고원의 여행과도 같은 경험을 제공한다.

# Tibetan
## Origin

### INGREDIENTS _

**Base** 티베트 장차(흑차) 6g.
**Liquid**(바디) 우유 150ml.
**Syrup**(풍미첨가제) 흑차 시럽 120ml. 연유 10ml.
**Garnish** 타피오카 펄.
**Glass** 하이볼 글라스.
**기법** 셰이킹Shaking.

### 레서피 _

장차 6g을 물 200ml 넣고 우린다.
찻물 120ml에 설탕 30g을 넣고 흑차 시럽을 만든다.
글라스에 흑차 시럽 120ml, 연유 10ml, 우유 150ml를 넣는다.
타피오카 펄을 넣어 준다.

# Old tree tea 고수량차

The 6 _

후발효차Post-fermented tea 티 칵테일 **시간의 미학**

티 마스터 _ **최은환**

**INGREDIENTS** _

**Base** 고수 보이차 9g.
**Liquid**(바디) 토닉 워터 20ml.
**Syrup**(풍미첨가제) 레몬청 20ml. 포도시럽 15ml.
**Glass** 와인 글라스 250ml.
**기법** 플로트Float

**레서피** _

고수 보이차 9g을 200ml의
물로 우려서 식혀준다.
포도시럽을 넣고 그 위로 섞이지
않도록 레몬청을 넣어준다.
토닉 워터를 층이 생기도록
살짝 넣어준다.
마지막으로 우려진
찻물의 탕색이 흐려지지 않도록
조심스럽게 부어 완성한다.

ʹ고수량차ʹ는 레몬청과 포도 시럽으로 선명한 층을 내고 그 위에 토닉 워터를 더한 뒤, 고운 수색으로 우려낸 고수 보이차를 올려 완성하는 음료이다. 마시기 전 화려한 층차를 눈으로 먼저 즐긴 후, 재료를 골고루 섞어 마시는 과정 자체가 하나의 유희가 된다. 이 메뉴의 중심을 잡는 베이스는 우림고차방의 ʹ고수 보이차ʹ이다. 산차(散茶) 형태인 이 차는 찻잎에서 싱그러운 향이 배어 나오며, 잎 표면에 보드라운 솜털이 고스란히 남아 있는 것이 특징이다.

여기서 고수차古樹茶란 보통 수령이 100년 혹은 그 이상의 세월을 견딘 오래된 차나무에서 채엽한 차를 의미한다. 오래전 심어진 뒤 자연 상태로 방치되어 자생하거나, 개량 육종을 거치지 않은 원초적인 생명력을 지닌 나무들이다. 참고로 중국에는 수령이 약 3,200년에 이르는 인류 최고의 차나무가 여전히 실존하고 있다. 인공적으로 대량 조성하여 재배하는 일반적인 ʹ대지차ʹ와 비교했을 때, 고수차 잎으로 만든 보이차는 쓰고 떫은맛이 적고 성질이 순하며 부드럽다. 특히 마신 뒤 입안에 은은한 단맛이 감도는 회감回甘이 매우 뛰어난 편이다.

이러한 고수 보이차의 깊은 맛에 포도시럽과 레몬청을 곁들여 청량감을 극대화했다. 특히 레몬청에 함유된 다양한 성분은 면역력 강화와 피로 해소에 탁월한 역할을 수행하며, 이는 보이차의 정화 기능과 만나 최상의 궁합을 이룬다. 황금빛의 투명하고 예쁜 수색을 마시기 전 눈으로 감상하는 즐거움 또한 이 차의 놓칠 수 없는 묘미이다. 스푼으로 층을 잘 저어주면, 투명했던 수색이 황홀한 와인 빛으로 변모하며 시각적인 감동을 선사한다.

# Citrus pop

## INGREDIENTS _

**Base** 소청감 1개.
**Liquid**(바디) 진토닉 50ml. 얼음 60g.
**Syrup**(풍미첨가제) 애플시럽 10ml. 레몬청 20ml.
**Glass** 고블렛 250ml.
**기법** 플로트Float.

## 레서피 _

소청감을 한 번 세척한 뒤 물 300ml로 3분간 우려 식혀준다.
애플시럽을 고블렛 글라스 바닥에 깔아주고 레몬청을 섞이지 않도록 그 위에 올려준다.
얼음을 넣은 뒤 진토닉 워터를 바스푼을 대고 섞이지 않도록 넣어준다.
마지막으로 찻물을 조심스럽게 가장자리에서 넣어준다.

## The 6 _

후발효차Post-fermented tea 티 칵테일 **시간의 미학**

티 마스터 _ **최은환**

'시트러스 팝Citrus Pop'은 작은 청귤 속에 보이차를 채워 넣은 '소청감'을 진하게 우려 내어, 입안에서 팡팡 터지는 듯한 청량감을 시각적인 색채와 함께 시원하게 표현한 음료이다. 이 메뉴의 주재료인 소청감이 생산되는 중국 광둥성의 신회新會 지역은 예로부터 뛰어난 품질의 감귤 산지이자, 한약재인 진피(陳皮)의 주산지로 오랜 역사와 전통을 자랑한다. 신회의 작은 감귤로 불리는 소청감은 신선한 맛은 물론 풍부한 비타민과 미네랄을 함유하고 있다. 이 작고 귀한 감귤의 껍질 속에 맛이 깊고 부드러운 운남성 보이차를 가득 채워 넣음으로써, 오늘날 전 세계적인 사랑을 받는 감보차(柑普茶), 즉 소청감이 탄생했다. 이러한 결합은 기호 음료로서의 깊은 풍미를 완성할 뿐만 아니라, 한방의 이기(理氣)작용을 통해 정

체된 기운을 소통시키고 소화를 촉진하며 체중 감량을 돕는 등 뛰어난 건강 효능을 보여준다. 소청감 특유의 달콤하고 신선한 향기가 보이차의 묵직하고 부드러운 성질과 만나 오묘하면서도 조화로운 맛의 정점을 선사한다.

여기에 톡톡 튀는 상큼함을 극대화하고자 애플 시럽과 레몬청, 그리고 토닉 워터를 플로팅(Floating) 기법으로 더했다. 시트러스한 향이 기분을 상쾌하게 끌어올리며, 눈과 입을 동시에 만족시키는 화려한 색감을 구현한다. 창의적인 발상과 팡팡 터지는 아이디어가 필요한 이들에게 '시트러스 팝'은 더할 나위 없는 선택이 된다. 이 한 잔은 건강을 챙기는 동시에 지친 마음에 새로운 활력을 불어넣는 소중한 시간이 될 것이다.

# Full Moon Shine

달빛 소나타

'달빛 소나타'는 흑차의 묵직한 베이스 향에 계화꽃의 달콤한 탑노트가 어우러져 신비롭고 우아한 조합을 이룬다. 특유의 쿰쿰하면서도 깊은 후발효 향이 특징인 흑차는 과거 '마차(馬茶)' 혹은 '변새차(邊塞茶)'라는 이름으로도 불렸다. 이는 이 차가 실크로드와 차마고도의 험난한 길을 따라 말 등에 얹혀 중국 내륙에서 티베트, 몽골, 러시아 등지로 운송되었기 때문에 얻은 명칭이다. 흑차는 수개월에서 수년에 걸친 긴 운송 기간과 척박한 기후를 견뎌내기 위해 찻잎을 찌고 압축하는 특별한 발효 과정을 거쳤으며, 그 과정에서 세월의 깊이가 담긴 독특한 풍미가 완성되었다.

흑차는 과일과 나무, 그리고 대지의 흙 내음이 섞인 복합적인 향을 지니고 있으며, 입안을 가득 채우는 부드럽고 묵직한 남성적 질감을 선사한다. 이러한 흑차의 강인함에 부드러운 변주를 주는 재료가 바로 '고결함'과 '영원한 사랑'을 상징하는 계화꽃이다. 가을날 밤하늘을 수놓는 작은 황금빛 꽃송이인 계화는 그 향기가 십 리 밖까지 퍼진다고 하여 '만리향'이라 불릴 만큼 농익은 달콤함을 머금고 있다.

'달빛 소나타'는 흑차 베이스에 계화 꽃차를 정교하게 배합하는 과정이 핵심이다. 이때 흑차의 깊고 강한 기운에 꽃차의 섬세한 향이 눌리지 않도록 적절한 황금 비율을 유지하는 것이 기술적 관건이다. 묵직한 흑차의 대지 위에 얹어진 농축된 달콤함과 하늘로 날아오르는 듯한 꽃향기의 낭만은 마치 한 편의 소나타처럼 아름다운 선율을 이룬다. 한여름 밤, 연인과 함께 달과 별을 바라보며 전설 속 계수나무와 토끼 이야기를 나누며 '달빛 소나타'를 음미한다면, 그 순간은 세상에서 가장 감미롭고 낭만적인 시간으로 기억될 것이다.

**The 6** _

후발효차Post-fermented tea 티 칵테일 **시간의 미학**

티 마스터 _ **홍정순**

# violet

보랏빛 인생

The 6 _
후발효차Post-fermented tea 티 칵테일 시간의 미학
티 마스터_ 홍정순

### INGREDIENTS _

**Base** 보이차 2g.

**Liquid**(바디) 포도잼 20ml. 찻물 80ml.

**Syrup**(풍미첨가제) 복숭아 과육 30g, 요거트 30ml.

**Glass** 크리스탈 코린스 글라스.

**기법** 빌드Build.

### 레서피 _

보이차 2g을 냉침으로 12시간 우린다.

요거트를 바닥에 깔고 그 위에 복숭아 과육과 포도잼을 넣는다.

포도잼 위에 얼음을 넣고 그 위에 찻물을 조심스레 붓는다.

'보랏빛 인생'은 깊은 연륜을 지닌 보이차를 베이스로 삼아, 보랏빛 포도잼과 순백의 요거트를 가미하여 탄생시킨 감각적인 음료이다. 보이차는 맛과 향의 층위가 예사롭지 않은 차이다. 숙성 기간이 길어질수록 그 풍미가 깊어진다 하여, 할아버지가 만든 차를 손자가 마신다는 '3대 전승'의 이야기가 전해질 만큼 시간의 미학을 상징한다. 이러한 기다림의 미학이 담긴 보이차 위에 달콤한 포도와 부드러운 요거트가 더해진 이 한 잔은, 잠시 멈추어 서서 우리네 삶의 여정을 돌아보게 하는 철학적인 힘을 지닌다.

음료의 첫맛을 장식하는 포도잼과 복숭아의 달콤함은 생의 찬란했던 순간, 혹은 첫사랑의 설레임과도 닮아 있다. 그러나 그 달콤함의 이면을 받치고 있는 보이차의 묵직한 무게감은 우리가 살아가며 겪어내는 삶의 애환과 고독을 떠올리게 한다. 우리는 보이차와 요거트가 그러하듯, 시간이라는 비가시적인 흐름 속에서 끊임없이 발효하고 숙성되는 존재들이다. 각기 다른 고난과 기쁨의 여정을 거치며 비로소 삶의 진정한 성숙에 다다르게 된다.

오랜 시간 잘 발효된 보이차에서는 미묘한 감칠맛과 더불어, 자극적이지 않으나 잊히지 않는, 이른바 '맛없는 맛無味之味'의 묘미가 느껴진다. 이는 굴곡진 세월을 지나온 끝에 얻게 되는 인생의 평온함과 흡사하다. 화려한 보랏빛 수색 뒤에 숨겨진 깊은 발효의 기운은 우리에게 각자의 소중한 삶을 긍정하게 하는 위로를 건넨다. 보랏빛 인생의 깊은 맛을 음미하는 이 시간은, 스스로의 삶을 가장 아름다운 빛깔로 물들이는 성찰의 시간이 될 것이다.

# Tea
# mixology

## non-alcoholic

7j
허브티Herbal tea 칵테일
치유의 힘을 지닌 약용식물

# 치유의 힘을 지닌 약용식물

## 허브티 **Herbal** tea 칵테일

엄밀한 학술적 분류에 따르면 '차(Tea)'라는 명칭은 차나무(Camellia Sinensis)의 잎을 원료로 하여 가공된 음료에만 한정적으로 사용되어야 한다. 이러한 엄격한 잣대를 들이댄다면, 우리가 일상적으로 사용하는 '허브티'라는 단어는 명백한 오류를 범하고 있는 셈이다. 차나무가 아닌 다른 식물을 우려낸 음료는 '허브 인퓨전(Herbal Infusion)'이나 '티젠(Tisane)', 혹은 '대용차'라고 부르는 것이 정교한 언어적 정의에 훨씬 부합한다.

그럼에도 불구하고 현대 사회에서 식물을 우려낸 거의 모든 액체 음료를 'Tea'라고 통칭하는 것은 그만큼 차가 지닌 문화적 상징성이 크기 때문이다. 서양에서도 'Herbal Tea'라는 용어는 대중적으로 널리 통용되고 있으며, 이는 언어의 확장성을 넘어 음료의 지평을 넓히는 역할을 한다. 오히려 차의 범주를 허브로까지 넓게 열어둘 때, 우리는 비로소 자연이 선사하는 무궁무진한 색과 향의 세계로 나아갈 수 있다.

허브(Herb)의 어원은 라틴어 'Herba'에서 유래하며, 이는 기본적으로 '향기 나는 식물'이자 '치유의 힘을 지닌 약용 식물'을 포괄한다. 인류의 역사 속에서 동서양의 전통 의학은 주변의 식생을 탐구하며 인간의 질병을 다스리고 심신을 안정시키는 재료로 허브를 활용해 왔다. 따라서 고대로부터 전해 내려온 약용 식물을 현대인의 기호에 맞게 우려낸다면, 그것이 곧 '허브티'이자 '치유의 음료'가 된다.

논알코올 티 칵테일의 베이스로서 허브차는 압도적인 강점을 지닌다. 첫째, 대부분의 허브는 카페인으로부터 자유롭다. 이는 카페인에 민감한 체질이나

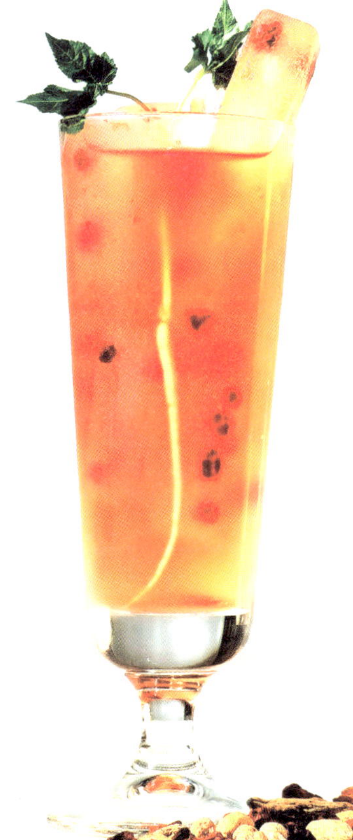

늦은 밤 가벼운 한 잔을 원하는 이들에게 완벽한 포용성을 제공한다. 둘째, 식물 고유의 강렬한 색채미이다. 히비스커스의 매혹적인 붉은빛, 버터플라이 피의 신비로운 푸른빛, 캐모마일의 온화한 황금빛은 인공 색소로는 흉내 낼 수 없는 천연의 예술성을 시각적으로 구현한다. 셋째, 허브는 저마다의 약리적 효능을 지니고 있다. 페퍼민트의 소화 촉진, 라벤더의 긴장 완화, 루이보스의 항산화 작용 등은 '즐거우면서도 건강한' 음료를 추구하는 현대인의 욕구를 정확히 관통한다. 그러나 전문적인 레시피를 구성할 때 허브가 지닌 한계점 또한 명확히 인지해야 한다. 허브는 차나무 잎에 비해 맛의 중심을 잡아주는 '바디감'이 상대적으로 약한 편이다. 또한 일부 허브는 고온에서 장시간 추출할 경우 식물 특유의 풋내나 지나친 쓴맛이 올라와 음료 전체의 밸런스를 무너뜨리기도 한다. 건조 상태나 수확 시기에 따라 향의 농도가 균일하지 않다는 점은 표준화된 레시피를 지향하는 상업적 운영에서 반드시 극복해야 할 과제이다. 허브차를 논알코올 티 칵테일의 베이스로 활용할 때 반드시 고려해야 할 실전 지침은 다음과 같다.

· **추출 농도의 극대화** _ 칵테일은 얼음이 녹으며 희석되거나 다른 부재료와 섞이는 특성이 있다. 따라서 일반적인 음용 농도보다 최소 3배에서 5배 이상 진하게 우려낸 '농축액(Concentrate)' 혹은 '시럽' 형태의 베이스를 준비해야 허브 본연의 향이 끝까지 살아남는다.

· **저온 추출과 급랭법의 활용** _ 섬세한 향을 지닌 허브의 경우, 뜨거운 물에서 짧게 우린 뒤 즉시 얼음으로 온도를 낮추는 '급랭법'이나 장시간 찬물에서 우려내는 '콜드브루' 방식을 권장한다. 이는 허브 고유의 휘발성 향 성분을 액체 속에 가두는 핵심 기술이다.

· **향의 레이어링(Layering)** _ 허브 하나만으로는 단조로울 수 있는 맛을 보완하기 위해 탄산수, 과일 퓌레, 향신료 등과의 시너지를 설계해야 한다. 예를 들어, 산미가 강한 히비스커스에 계피나 정향을 더해 묵직함을 주거나, 가벼운 민트에 라임을 더해 청량감의 층위를 쌓는 방식이다. 우리는 인류가 수천 년간 축적해 온 허브 인퓨전의 지혜를 바탕으로, 현대적 감각의 논알코올 칵테일을 창조했다. 이는 단순한 음료의 제조를 넘어, 전통과 혁신이 조화를 이루는 새로운 시대의 향기로운 제언이다.

허브티Herbal tea 칵테일 **치유의 힘을 지닌 약용식물**

티 마스터 _ **강미희**

허니 트로피컬
# Honey Tropical

## INGREDIENTS _

**Base** 오설록 유채&꿀 티 3g.
**Liquid**(바디) 유채&꿀 티 찻물180ml, 스파클링 탄산.
**Syrup**(풍미첨가제) 사탕수수 시럽 60ml.
**Garnish** 파인애플, 블루베리.
**Glass** 칵테일 글라스.
**기법** 빌드Build, 스터Stir.

## 레서피 _

글라스에 얼음을 넣어 칠링 해준다.
믹싱글라스에 유채 꿀티, 사탕수수 시럽을 넣고 잘 저어준다.
칠링된 글라스의 얼음을 버린 후, 믹싱글라스의 음료를 글라스에 담고 크러쉬드 파인애플, 얼음을 넣는다.
탄산을 가득 부어준다. 파인애플과 블루베리를 픽으로 꽂아 마무리 한다.

'허니 트로피컬'은 파인애플의 신선한 과육이 듬뿍 담겨, 입안 가득 시원한 열대의 풍미를 전하는 주스 형태의 티 칵테일이다. 이 음료의 중심이 되는 '유채&꿀티'는 제주산 녹차에 노란 유채꽃과 상큼한 한라봉 필, 그리고 달콤한 꿀을 블렌딩한 제품으로, 은은하게 퍼지는 살구 향이 일품이다. 티백 하나에는 제주의 화사한 봄 이미지와 대지의 생명력이 오롯이 담겨 있다. 굳이 비행기를 타고 먼 이국으로 떠나지 않아도, 한반도에서 트로피컬 해변의 열정을 온몸으로 만끽할 수 있는 곳은 단연 제주이다. 태양 빛이 가득 쏟아지는 여름날, 제주 함덕 해변에서 서프보드에 몸을 싣고 파도 위를 시원하게 가로지르는 서퍼의 모습을 상상해 본다. '허니 트로피컬'은 격렬한 서핑을 마친 뒤 뜨거운 모래사장 위에서 마시는 과즙 가득한 한 잔의 휴식과도 같다.

이 음료는 태양을 피하기보다 그 정열을 그대로 맞이하여 즐기고자 하는 이들을 위해 고안되었다. 화끈하고 강렬한 태양 아래에서 톡톡 씹히는 파인애플 과육과 탄산이 선사하는 극강의 청량함은 해변의 축제 분위기와 완벽한 조화를 이룬다. 제주 유채꽃의 노란 빛깔과 트로피컬 과일의 황금빛이 어우러진 시각적 즐거움은 마시는 이의 마음까지 환하게 밝혀준다. '허니 트로피컬'은 제주의 자연과 여름의 에너지가 응축된, 그야말로 정열의 음료이다.

# Jasmine
## Humming 자스민 허밍

**The 7** _

허브티Herbal tea 칵테일 **치유의 힘을 지닌 약용식물**

티 마스터 _ **김선정**

## INGREDIENTS _

**Base** 자스민(베트남 푹롱) 2g.
**Liquid**(바디) 물200ml.
**Syrup**(풍미첨가제) 생강, 레몬.
**Garnish** 라임, 생강.
**Glass** 머그.
**기법** 스터Stir.

## 레서피 _

자스민 티백(2g) 하나와 생강 편 6~8개를 함께 80℃의 물 300ml에
5분간 우린 후 티백을 제거해 차갑게 식힌다.
식힌 차 안의 생강을 제거하고 설탕물 30ml, 라임즙 20ml을 넣어 섞는다.
얼음을 가득 채우고 레몬 편 2조각을 넣어준다.

중국 유학 시절 가장 많이 마셨던 것이 무엇이냐고 물으면, 나는 고민 없이 '자스민 티'라고 답할 것이다. 학생 식당에서 식사를 마친 후에도, 캠퍼스 도서관에서 공부하거나 친구들과 도란도란 이야기를 나누는 시간에도 늘 곁에는 자스민 티가 있었다. 자스민 티는 내게 단순한 음료가 아니라, 유학 시절의 추억과 감정을 담은 향기로운 매개체이다. 오늘도 찻잔을 들면 그 시절의 공기와 사람들, 그때의 즐거움이 고스란히 떠오른다.

자스민 허밍(Jasmine Humming)은 향긋한 자스민꽃과 생강, 레몬, 라임의 조화가 특징이며, 밝고 상큼한 노란색을 띠는 음료이다. 자스민 티는 중국과 동남아시아 등에서 꽃차 형태로 즐겨 마신다. 은은하면서도 진한 자스민 향이 풍부하며, 부드럽고 깔끔한 맛이 일품이다. 일반적인 자스민차는 찻잎 베이스라 카페인이 있으나, 허브차 구성이라면 카페인 부담 없이 언제든 마시기 좋다. 스트레스 완화와 마음을 안정시키는 데 도움을 주며, 소화를 돕고 항산화 작용을 통해 건강을 지키는 데도 유익하다.

환절기처럼 날씨가 변하는 시기엔 체력도 떨어지고 마음의 기운도 흔들리기 쉽다. 아침저녁으로는 쌀쌀하고 낮에는 덥기까지 하여 몸과 마음 모두 불편함을 느끼곤 한다. 자스민꽃의 고요한 향기는 마음을 편안하게 해주고, 시트러스 과일인 레몬과 라임은 상쾌함을 선사하며, 생강은 몸을 따뜻하게 데워준다. 이 음료는 환절기의 피로와 스트레스 속에서 우리의 면역력을 지켜줄 것이다. '자스민 허밍'과 함께 잃어버린 활력을 다시 찾길 바란다.

'동동다채'는 한국의 전통주와 귀한 한약재가 만나 탄생한 음료로, 남녀노소 누구나 가볍게 즐길 수 있도록 설계한 한국식 건강 뱅쇼이다. 이 메뉴의 주인공인 당귀(當歸)는 '마땅히 집으로 돌아온다'라는 뜻을 지닌 약재로, 예로부터 기력을 보강하는 데 탁월한 성분을 다량 함유하고 있다. 현대적인 관점에서 본다면 당귀는 동양의 정신을 품은 광의의 허브Herbal Medicine이라 정의할 수 있다.

당귀라는 이름에는 애틋하면서도 강인한 서사가 서려 있다. 옛날 전쟁터로 떠나는 남편의 품속에 아내는 당귀를 넣어주었다. 남편이 전쟁의 참혹함 속에서 죽음의 문턱에 이르렀을 때, 품 안의 당귀를 꺼내 씹으며 집으로 돌아갈 수 있는 힘을 얻었다는 일화에서 그 이름이 유래했다. 실제로 당귀는 혈액순환 개선, 빈혈 완화, 부인병 치료 등에 특별한 효능이 있는 것으로 알려져 있으며, 지친 몸에 활력을 불어넣는 생명의 약초로 대접받아 왔다.

그러나 당귀는 그 맛과 향이 매우 강렬하여 단독으로 차를 내려 마시기에는 다소 접근성이 낮은 허브이기도 하다. 이러한 점에 착안하여, 혈액순환과 피부 미용에 뛰어난 당귀를 우리 전통 술인 동동주로 만든 뱅쇼청과 블렌딩했다. 전통주의 깊은 발효 풍미와 뱅쇼의 달콤함이 당귀 특유의 쌉쌀한 약초 향을 부드럽게 감싸 안음으로써, 한방 재료를 현대적인 기호 음료로 승화시켰다.

얼음을 가득 채운 글라스에 차게 마시는 동동다채는 시각적인 아름다움뿐만 아니라 미각적 만족감, 그리고 건강한 활력을 동시에 선사한다. 이는 전통의 지혜를 현대의 잔에 담아낸 결과물로, 마시는 즐거움 뒤에 몸을 돌보는 따스한 배려가 숨어 있는 음료이다. 동동다채는 바쁜 일상을 살아가는 현대인들에게 '마땅히 집으로 돌아가듯' 편안한 휴식을 제공하는 건강한 축배가 될 것이다.

허브티Herbal tea 칵테일 **치유의 힘을 지닌 약용식물**

티 마스터 _ **김수연**

동동다채

# Dong-
## dong 茶彩

## INGREDIENTS _

**Base** 당귀차 2g.
**Liquid**(바디) 찻물 150ml.
**Syrup**(풍미첨가제) 동동주 뱅쇼청 60ml, 퍼플티 30ml.
**Glass** 허리케인 글라스.
**기법** 플로트Float.

## 레서피 _

당귀차 티백 2개를 티팟에 넣고 물 200ml에 냉침하여 우린다.
믹싱 글라스에 찻물 150ml와 동동주 뱅쇼청 60ml를 붓고 섞는다.
칠링한 글라스에 얼음을 가득 채우고 믹싱 글라스에 찻물을 붓는다.
윗부분에 퍼플티를 조심스럽게 부어 채운다.

'생맥산 아이스티'는 붉은 오미자와 귀한 산양삼의 조화만으로도 에너지가 충전되는 듯한 강렬한 생명력을 전하는 음료이다. 상큼하면서도 새콤하고, 달콤함 뒤에 찾아오는 미세한 쌉쌀함은 현대인의 지친 정신을 맑게 깨워주는 청량한 자극제가 된다. 이 음료의 모태가 되는 '생맥산(生脈散)'은 단어 뜻 그대로 '맥을 살려내는 처방'이라는 의미를 지니고 있다.

생맥산은 예로부터 여름철 무더위에 지쳐 맥이 풀리고, 몸에서 열이 나며 식은땀을 많이 흘려 기력과 체액이 소진되었을 때 이를 치료하기 위해 처방되었다. 『동의보감(東醫寶鑑)』에 의하면, 생맥산은 사람의 기를 북돋우고 심장의 열을 내리며, 폐 기능을 보호하고 강화하는 데 탁월한 역할을 수행한다. 이처럼 검증된 한방의 지혜를 현대적인 아이스티 형태로 재해석하여 누구나 일상에서 쉽게 즐길 수 있도록 디자인했다.

생맥산은 오미자, 인삼, 맥문동이라는 세 가지 핵심 약재로 구성된 간결하면서도 완벽한 처방이다. 인삼은 인체의 원기를 북돋아 근본적인 체력을 증강시키고, 맥문동은 마른 몸속에 진액을 생성하여 갈증을 해소하며, 오미자는 흩어지는 기운을 안으로 수렴하여 과도한 땀을 멎게 한다. 이 세 가지 재료가 빚어내는 상호보완적 작용은 여름철 기력 보강의 정수를 보여준다.

몸과 마음이 극도로 지쳐 즉각적인 에너지 충전이 필요하다고 느낄 때, 새콤·달콤·쌉쌀한 생맥산 아이스티는 최고의 선택이 된다. 우리 땅에서 나고 자란 정직한 재료들로 완성된 이 음료는, 원기 회복은 물론 든든하고 편안한 신체 상태를 유지하며 무더운 계절을 이겨낼 수 있는 힘을 준다. 생맥산 아이스티는 인류가 수백 년간 애용해 온 전통의 지혜를 현대의 차가운 잔에 담아낸 가장 한국적인 여름 음료이다.

**The 7** _

허브티Herbal tea 칵테일 **치유의 힘을 지닌 약용식물**

티 마스터 _ **김종분**

# Saengmaeksan
# Ice tea

INGREDIENTS _

**Base** 건 오미자 50g.
**Liquid**(바디) 찻물 200ml.
**Syrup**(풍미첨가제) 오미자청 20ml.
**Garnish** 오미자 얼음 5개. 산양삼 1뿌리.
**Glass** 필스너 330ml.
**기법** 빌드Build, 스터Stir.

레서피 _

건 오미자 50g + 물 1L를 24시간 냉침한다.
인삼(황기), 맥문동 20g 씩을 1.5L의 물에 넣고 끓여서 1L 정도가 되게 한다.
기호에 맞게 희석한다.
우러난 오미자를 10cm/1.2cm 직각 얼음틀에 얼려 놓는다.
오미자청 20ml를 넣고 오미자 얼음을 쌓아 올리고 잘 희석한 생맥산을 붓는다
가니시로 새싹삼이나 산양삼을 세워서 넣는다.
*인삼의 향을 좋아하지 않거나 열이 많은 체질은 인삼을 황기로 대치한다.

**The 7** _

허브티Herbal tea 칵테일 **치유의 힘을 지닌 약용식물**

티 마스터 _ **박정숙**

'송송 하이볼'은 빌딩 숲 가득한 도심 한복판에서 깊은 소나무 숲 속을 산책하듯 심신을 치유하는 특별한 방법 중 하나이다. 이 음료 는 청량한 솔잎의 정기를 한 잔의 하이볼로 구현하여 지친 현대인에 게 활력을 불어넣는다. 주재료인 솔잎에는 테르펜(Terpene)과 피 크노제놀(Pycnogenol) 성분이 풍부하게 함유되어 있어 강력한 살 균 작용과 방부 효과를 발휘한다. 솔잎차를 꾸준히 음용하면 혈액 순환과 신진대사가 촉진될 뿐만 아니라, 체내의 각종 노폐물과 독 성 물질을 배출하는 정화 작용이 일어나며 피부 미용에도 탁월한 효 과를 보인다.

솔잎 특유의 서늘하고 맑은 향은 예민해진 신경을 안정시키고 스트 레스를 해소하는 데 큰 도움을 준다. 이는 긴장된 심신을 부드럽게 이완시켜 현대인의 고질적인 불면증을 완화하고 숙면을 유도하는 천연의 안정제 역할을 수행한다. 솔잎의 이러한 효능은 역사적인 문 헌을 통해서도 증명된다.

『동의보감(東醫寶鑑)』의 기록에 따르면, 솔잎은 "머리털을 나게 하 고, 오장을 안정시키며, 배고픔을 잊게 하여 수명을 연장한다"라고 명시되어 있다. 또한 몸 안의 염증을 가라앉히고 지혈 작용을 도우 며, 손발이 저린 증상이나 신경쇠약, 그리고 탈모 예방에도 효능이 있다는 점을 강조한다. 이처럼 검증된 선조들의 지혜를 바탕으로 탄 생한 송송 하이볼은 건강과 풍미를 동시에 잡은 영리한 음료이다.

무더운 여름날, 고즈넉한 산사 찻집 정자 아래에서 청아하게 울리 는 풍경 소리를 배경 삼아 송송 하이볼 한 잔을 즐겨보기를 권한다. 솔잎의 상쾌한 향기가 탄산의 청량함과 만나 입안 가득 숲의 숨결 을 전해줄 것이다. 송송 하이볼은 단순한 음료를 넘어, 복잡한 일 상을 잠시 멈추고 대자연의 고요함과 조우하게 하는 진정한 의미 의 쉼표이다.

레서피 _

### Ⅰ버전

셰이커에 솔잎청 50㎖, 솔잎 말차 2g을 풀어준다.

셰이커에 각얼음 8조각, 물 120㎖를 추가하여 셰이킹한다.

칠링한 글라스에 각얼음을 가득 담아주고 셰이킹한 찻물을 90%까지 채운다.

우유로 폼을 내어 음료 위에 가득 올려준다.

### Ⅱ버전

별도의 글라스에 솔잎청 50㎖, 솔잎 말차 2g을 풀어준다.

칠링한 글라스에 위의 재료를 부어준다.

글라스에 얼음을 채워준 후 탄산수를 가득 부어준다.

민트시럽 2㎖를 부어주고 탄산수 부분만 살짝 휘저어준다.

**The 7** _

허브티Herbal tea 칵테일 **치유의 힘을 지닌 약용식물**

티 마스터 _ **신순규**

'청포도 레몬밤Green Grape Lemon Balm'은 그 옛날 시인이 은쟁반 위에 하얀 모시 수건을 정갈하게 마련해 두고, 먼 길 돌아올 귀한 손님을 기다리던 그 지극하고 정성스러운 환대를 한 잔의 잔 속에 투영한 결과물이다. 시인이 노래한 '청포도'가 암울한 시대 속에서도 잃지 않았던 조국 광복의 희망이자 풍요로운 미래의 상징이었듯, 이 음료 또한 지친 현대인들에게 눈부신 계절의 생기와 평화로운 안식을 건네고자 하는 의지를 담고 있다.

이 음료는 청포도 특유의 싱그럽고 청신한 달콤함 속에 레몬밤의 산뜻한 허브 향을 정교하게 블렌딩하여 완성된다. 한 모금 들이키는 순간, 시 구절 속 '하늘 밑 푸른 바다'가 가슴 가득 일렁이며 밀려오는 듯한 압도적인 청량감을 선사한다. 이는 단순히 차가운 음료가 주는 시원함을 넘어, 켜켜이 쌓인 일상의 답답함을 일시에 씻어내리는 정서적 해방감과 맞닿아 있다.

잔 밑바닥에 알알이 박힌 청포도의 과육은 시인이 그토록 꿈꾸던 미래의 결실처럼 입안에서 경쾌하게 터지며 생동감을 더한다. 여기에 멜리사(Melissa)라고도 불리는 레몬밤의 향기는 불안한 마음을 부드럽게 진정시키는 마법 같은 힘을 발휘한다. 고달픈 몸으로 찾아온 손님에게 시인이 가장 먼저 내어주고 싶었을 그 따뜻하고 고결한 위로가 레몬밤의 향긋한 여운을 통해 비로소 구현되는 셈이다.

은쟁반 위에서 찬란한 빛을 뿜어내던 청포도처럼, 이 한 잔이 무채색으로 변해가는 당신의 일상에 맑고 투명한 숨통을 틔워주기를 바란다. 시인이 꿈꾸던 눈부신 칠월의 풍경, 그 청초하고 푸른 생명력을 잔 가득 채워 넣는 과정은 그 자체로 하나의 예술적 행위이다. 가장 소중한 사람을 대접하는 마음으로 빚어낸 '청포도 레몬밤'과 함께, 당신의 가슴 속에도 잊혀졌던 전설이 주저리주저리 열리고 푸른 희망이 알알이 맺히기를 진심으로 소망한다.

청포도 레몬밤

# Green Grape
# Balm Lemon

# Jeho Mint

## INGREDIENTS _

**Base** 제호탕 재료.
**Liquid**(바디) 찻물 200ml.
**Syrup**(풍미첨가제) 매실청, 꿀.
**Glass** 필스너.
**기법** 빌드Build.

## 레서피 _

찻잔에 얼음을 채워 칠링해 놓는다.
생강, 계피 각1.5g, 백단향, 초과, 페퍼민트 각 0.5g, 꿀, 매실청 각 20ml를 준비한다.
끓는 물 230ml에 생강, 계피 각 1,5g을 넣고 6분간 우린다.
백단향, 초과, 페퍼민드 0.5g을 각각 순차적으로 넣어 2분 더 우린다.
찻물에 매실청, 꿀 각 20ml을 넣어 섞은 후 식힌다.
칠링한 글라스에 얼음 80%를 담고 찻물150ml를 붓는다.

제호민트(Jeho-Mint)'는 조선 시대 왕실에서 즐기던 전통 제호탕의 비방에 현대적인 페퍼민트를 블렌딩한 한방 아이스티이다. 이는 단순히 과거의 음료를 재현하는 것에 그치지 않고, 남녀노소 누구나 편안하게 즐길 수 있도록 감각적인 풍미를 더한 일종의 '한방 하이볼' 혹은 '동양적 에이드'라 할 수 있다.
조선 시대의 대표적인 여름철 냉음료인 '제호탕(醍醐湯)'은 임금님이 단오(端吾)가 되면 내의원에서 만들어 올린 차를 조정 신료들에게 하사하며 무더위를 이겨내길 기원했던 궁중의 정수이다.

허브티Herbal tea 칵테일 **치유의 힘을 지닌 약용식물**
티 마스터 _ **이계자**

오매육(매실을 훈증하여 말린 것), 사인, 백단향, 초과 등 귀한 한약재를 고운 가루로 만들어 꿀과 함께 버무려 은근한 불에 고아낸 뒤, 이를 냉수에 타 마셨던 제호탕은 당시 최고의 보양 음료였다. 특히 가슴 속의 화기를 내리고 갈증을 멈추게 하며, 소화 기능을 돕는 효능이 탁월하여 무더위로 지친 몸과 마음을 다스리는 데 이보다 더한 처방이 없었다.

'제호민트'는 이러한 조상의 지혜를 오늘날의 감각으로 재해석한 결과물이다. 전통적인 제호탕 재료에 '청열해표(淸熱解表, 열을 내리고 겉에 머무는 독소를 발산함)'의 기능을 지닌 박하(페퍼민트)와 달콤한 매실청을 첨가하여 현대인의 기호에 맞춘 세련된 맛을 완성했다. 제호탕 베이스의 묵직하고 깊은 풍미 위로 페퍼민트 특유의 알싸한 향이 겹쳐지며, 마시는 순간 입안 가득 시원한 개방감을 선사한다.

제호민트의 진정한 묘미는 그 온도감에 있다. 차갑게 얼음을 띄워 마셔도 성질이 따뜻한 계피와 생강 등이 함께 배합되어 있어, 겉은 시원하게 식혀주되 속은 따뜻하게 보호해 주는 조상의 지혜를 몸소 체험하게 한다. 이는 찬 음료를 과하게 마셔 배탈이 나기 쉬운 여름철, 현대인들에게 가장 필요한 건강한 청량함이다.

'로제 파탈(Rose Fatale)'은 푸른 빛깔이 선명하게 일렁이는 바다를 배경으로, 일상의 모든 소란을 뒤로한 채 오직 나만의 여유를 만끽하게 하는 티 칵테일이다. 이 이름은 장밋빛을 뜻하는 '로제Rose'와 거부할 수 없는 치명적인 매력을 지닌 여성을 상징하는 '팜므 파탈Femme Fatale'의 합성어로, 이름 그대로 운명적이면서도 강렬한 풍미를 지향한다.

음료의 베이스가 되는 로제 스파클링 와인은 특유의 우아한 분홍빛 수색 덕분에 '바캉스 와인'이라는 별칭을 갖고 있다. 차갑게 칠링(Chilling)하여 마실 때 그 진가를 발휘하는 로제 와인은 햇살 아래에서 더욱 찬란하게 빛나며 보는 이의 감각을 자극한다. '로제 파탈'은 여기에 레몬 라임티를 정교하게 베리에이션하여, 와인이 가진 본연의 산미를 홍차의 깊이감과 시트러스의 청량함으로 한층 더 고양시켰다.

# Rose Fatale
로제 파탈

**The 7** _

허브티Herbal tea 칵테일 **치유의 힘을 지닌 약용식물**

티 마스터 _ **조영아**

## INGREDIENTS _

**Base** 아마드 티 레몬, 라임 티백 2개.
**Liquid**(바디) 탄산수 50ml.
**Syrup**(풍미첨가제) 벚꽃 시럽 40ml, 로제 스파클링 와인.
**Garnish** 식용 꽃.
**Glass** 와인 글라스.
**기법** 플로트float.

### 레서피 _

레몬, 라임 티를 탄산수 50ml에 5분 이상 진하게 우린다.
와인 글라스에 얼음을 60% 넣고 벚꽃시럽 40ml를 넣는다.
레몬, 라임 티 30ml를 바스푼을 이용해서 천천히 넣는다.
무알콜 로제 스파클링 와인으로 글라스를 가득 채운다.
비슷한 색감의 식용꽃으로 가니시한다.

단순히 시각적인 화려함에만 치중한 것이 아니라, 맛의 층위 또한 치명적이다. 탄산의 기포가 혀끝을 경쾌하게 두드리는 순간 레몬과 라임의 상큼함이 입 안 가득 번지고, 뒤이어 로제 와인의 은은한 과실 향과 티(Tea)의 차분한 여운이 조화롭게 어우러진다. 이러한 다층적인 풍미는 지친 몸과 마음을 깨워 흐트러진 생각들을 하나로 모아주는 집중력을 선사하며, 나른한 오후에 다시 일어설 수 있는 생동감을 불어넣는다.

우아한 장밋빛 수색 속에 감춰진 톡 쏘는 청량감은 말 그대로 '파탈(Fatale)', 즉 숙명적인 이끌림과 같다. 끝없이 펼쳐진 수평선을 마주하고 앉아 즐기는 '로제 파탈' 한 잔은 당신의 휴양을 단순한 휴식을 넘어 하나의 예술적인 순간으로 기록하게 할 것이다. 시선을 사로잡는 아름다움과 미각을 일깨우는 관능적인 조화, 이것이 바로 '로제 파탈'이 제안하는 단 하나의 유혹이다.

'러브 폼(Love Foam)'은 핑크빛 히비스커스의 우아함과 복숭아의 감미로운 달콤함이 만나, 구름처럼 푹신한 거품으로 완성된 로맨틱한 티 칵테일이다. 이 음료는 시각적인 사랑스러움뿐만 아니라 입술 끝에 닿는 촉각적인 부드러움까지 세심하게 설계되어, 마치 연인의 다정한 포옹처럼 몸과 마음을 따스하게 감싸주는 온기를 선사한다.

음료의 베이스가 되는 히비스커스의 선명한 분홍빛은 복숭아의 황금빛과 잔 속에서 자연스럽게 섞이며, 노을이 내려앉은 정원처럼 밝고 따스한 색감을 연출한다. 그 위를 덮은 풍성하고 조밀한 거품은 '러브 폼'의 정체성을 가장 잘 드러내는 요소이다. 첫 모금에서 느껴지는 과일의 상큼한 풍미 뒤로 몽글몽글한 거품의 질감이 겹쳐질 때, 마시는 이는 마치 사랑에 빠진 듯한 황홀한 기분을 경험하게 된다. 이 음료는 사랑하는 사람과 마주 앉은 특별한 순간을 더욱 빛내주기도 하지만, 고단한 하루를 보낸 나 자신을 위한 작은 사치이자 행복으로도 완벽한 선택이다. 복숭아의 피치 향이 코끝을 간지럽히고 히비스커스의 산미가 미뢰를 자극하는 과정은 일상의 무채색 감정을 화사한 분홍빛으로 물들이기에 충분하다.

특히 '러브 폼'의 매력을 극대화하기 위해서는 곁들이는 디저트와의 조화도 중요하다. 딸기나 라즈베리, 혹은 복숭아 필링이 들어간 상큼한 마카롱은 음료가 가진 과일의 향을 한층 선명하게 끌어올린다. 마카롱의 바삭한 꼬끄와 쫀득한 필링이 러브 폼의 부드러운 거품과 만날 때, 미각과 시각은 비로소 완벽한 균형을 이루며 로맨틱한 미식의 정점을 완성한다.

# Love
# Foam

러브 폼

## INGREDIENTS _

**Base** 히비스커스 2g.
**Liquid**(바디) 탄산수 120ml.
**Syrup**(풍미첨가제) 복숭아시럽, 과육.
**Garnish** 레몬 거품.
**Glass** 텀블러.
**기법** 머들링Muddling.

# Mom's love

**The 7** _

허브티Herbal tea 칵테일 **치유의 힘을 지닌 약용식물**

티 마스터 _ **최은환**

## INGREDIENTS _

**Base** 루이보스 3g(티백 3개). 구기자 4g(티백 2개).
**Liquid**(바디) 우유 100ml.
**Syrup**(풍미첨가제) 자몽청 20ml.
**Glass** 고블렛 250ml.
**기법** 빌드Build, 스터Stir, 셰이크Shake, 블랜드Blend(믹서), 플로트Float.

## 레서피 _

루이보스 차와 구기자 차를 각각 티백으로 준비하여 200ml 물로 우린 후 식힌다.
고블렛 글라스에 자몽청을 바닥에 깔아주고 얼음을 넣는다.
믹싱글라스에 찻물 100ml, 우유 100ml을 넣고 섞는다.
글라스에 섞은 찻물을 붓는다.

'맘스 러브(Mom's Love)'는 소중한 가족의 건강을 최우선으로 생각하는 어머니의 마음을 담아낸 루이보스 구기자 밀크티이다. 정제 설탕 대신 직접 담근 자몽청을 더해 상큼하면서도 고소한 풍미를 구현했으며, 풍부한 영양 덕분에 바쁜 아침 가벼운 식사 대용으로도 손색이 없는 든든한 한 잔이다. 음료의 베이스가 되는 루이보스(Rooibos)는 남아프리카공화국의 척박한 고산지대에서만 자생하는 허브로, 현지어로는 '붉은 덤불'을 뜻한다. 바늘처럼 뾰족한 잎 속에 카페인이 전혀 들어있지 않아 카페인에 민감한 성인은 물론 임산부와 아이들도 안심하고 즐길 수 있다. 특히 마그네슘과 미네랄이 풍부하여 항산화 작용과 혈당 조절에 탁월한 효능을 지닌 것으로 잘 알려져 있다. 여기에 더해진 구기자는 과거 진시황제가 그토록 갈구하던 '불로초'의 정체라는 설이 있을 만큼 영험한 약재이다. 동양의 오랜 지혜가 담긴 구기자는 간과 눈의 건강을 지켜주는 대표적인 항노화 재료로, 루이보스의 이국적인 풍미와 만나 영양학적으로 완벽한 균형을 이룬다.

카페인의 자극 없이 부드러운 우유와 조우한 루이보스와 구기자는 깊고 평온한 맛의 세계를 구축한다. 이때 자몽청의 달콤함은 자칫 밋밋할 수 있는 건강 음료에 생기를 불어넣는 금상첨화의 역할을 수행한다. 입안 가득 퍼지는 자몽의 향긋함은 음료의 뒤를 가볍고 산뜻하게 마무리해 주며, 마시는 내내 기분 좋은 풍요로움을 선사한다.

이 한 잔을 마시고 맛있다고 '엄지척'을 해 보이던 아들의 환한 미소는 이 음료에 '맘스 러브'라는 이름을 붙인 결정적인 이유가 되었다. 가족을 위한 사려 깊은 선택이 담긴 이 밀크티는, 단순히 목을 축이는 음료를 넘어 사랑이라는 보이지 않는 영양소까지 가득 채워 넣은 세상에서 가장 따뜻한 보약이다.

# 閻浮 염부단금
# 檀金

'염부단금閻浮檀金'은 선명하게 붉은 히비스커스에 장미청
의 우아함을 가미하여 빚어낸 이국적인 논알코올 티 칵테
일이다. 이 음료의 이름은 조선 후기 차의 중흥을 이끌었던
초의선사의 저서 『동다송東茶頌』 중 두 번째 노래에서 영감
을 얻었다.

**"염부단금 같은 황금 꽃술 아름답게 맺혔네閻浮檀金芳心結"**

여기서 '염부단금'이란 불교적 우주관 속 세계인 염부제(閻
浮提)의 숲을 흐르는 강바닥에서 채취된다는 가장 귀하고 고
결한 황금을 일컫는다. 이 음료는 그 이름이 상징하듯 세상
의 가장 고귀한 가치를 한 잔의 잔 속에 오롯이 담아내고자
기획되었다.

주재료인 히비스커스가 지닌 선명한 산미는 장미청 특유의
우아하고 달콤한 풍미와 만나 미각의 지평을 넓힌다. 히비스
커스의 강렬한 붉은 빛깔에 장미청의 색감이 겹쳐지며 완성
된 수색은 마치 타오르는 불꽃처럼 매혹적이며, 시각적인 아
우라를 뿜어낸다. 여기에 시원하게 터지는 탄산수와 그 위로
화룡점정(畵龍點睛)하듯 띄운 차꽃(茶花) 잎은 보는 이로 하
여금 깊은 명상에 잠기게 한다.

단순히 맛의 조화를 넘어 오행(伍行)
의 이치가 조화롭게 어우러진 이 차는,
입안 가득 상쾌하면서도 고결한 청량
감을 선사한다. 특별한 의미를 기념하
고 싶은 날, '염부단금' 한 잔은 당신의
소중한 순간을 더욱 가치 있고 성스러
운 시간으로 변모시켜 줄 것이다. 고전
의 지혜와 현대적 감각이 만난 이 한 잔
의 칵테일은 단순한 음료를 넘어, 우리
내면의 고귀함을 깨우는 상징적인 매
개체가 된다.

## INGREDIENTS _

**Base** 히비스커스 2g.
**Liquid**(바디) 탄산수 80ml, 찻물 100ml.
**Syrup**(풍미첨가제) 장미청 20ml.
**Garnish** 차꽃.
**Glass** 가스테헬미.
**기법** 블랜드Blend.

## 레서피 _

히비스커스 2g을 냉침으로 3시간 우린다.
장미청을 바닥에 깔고 그 위에 장미청 얼음을 넣는다.
탄산수와 찻물을 부어 완성한다.
차꽃을 얹어 장식한다.

# Tea
# mixology

### non-alcoholic

8;
제 4의 물결,
시각과 미각 중심으로의 감각 해방

제 4의 물결 시각과 미각으로 감각을 해방

한남대학교 문화예술대학원 음료문화경영학과 지도교수 **이은권**

# 제 4의 물결
# 시각과 미각 중심으로의 감각 해방

**茶에 변혁의 시간이 왔다.**
**It's Morphin' Time!**

차나무의 학명은 카멜리아 시넨시스 린네 오 쿤츠(Camellia sinensis(L) O. Kuntze)이다. B.C 2500년경에 존재했다고 전해지는 신농(神農)은 농업의 신으로 차를 음료 이용한 최초의 전설적 인물이다. 이로 보면 차의 음료 이용 역사는 최소 5000년 전이 될 것으로 본다. 중국에서는 아예 전설적인 신농의 연대를 확정해버렸다. B.C.2732년,"신농(神農)이 수백 가지 풀을 먹다 독에 중독되어 정신을 잃고 어느 나무 밑에 쓰러져 있었다. 그 때 바람을 타고 푸른 잎사귀 하나가 신농의 입으로 떨어졌는데, 이 잎을 먹자 정신이 맑아지고 모든 독이 해독되었다."

신농의 전설보다 재미있는 것은 불교계 선종의 시조라고 알려진 육조시대 승려 달마대사다. 달마는 인도에서 부처님의 가사와 발우를 28번째로 전해 받은 마지막 스님이었다고 한다. 신농씨에 비하면 한참 뒤의 일이지만, 인도에서 중국으로 건너와 520년경, 소림사에서 9년간 면벽수련을 한 끝에 깨달음을 얻어 선종을 열었다. 전설적인 이야기이지만, 달마대사가 면벽 수련을 할 때 졸음을 이겨내기 위해 눈꺼풀을 잘라 굴 밖에 버렸는데, 눈꺼풀이 떨어진 자리에서 한그루의 나무가 자라났다고 전한다. 그 나무의 새 싹이 눈꺼풀을 닮았고, 그 잎을 따서 끓여 마시면 졸음을 이겨낼 수 있었기에 불교에서는 수행에 꼭 필요한 음료로 자리하게 된 것이다.

신농씨를 구했고, 달마의 득도를 도왔다는 茶나무는 5천년을 이어 지금까지도 이어져왔지만, 차를 마시는 방법은 혁명적 변화를 겪으며 오늘에 이어졌다. 그 시대적 변화를 우리는 앨빈토플러의 언어를 빌려 '물결, Wave'로 구분하려 한다.

건강과 수양에 도움이 되는 차의 해독 기능과 소와少臥(적은 잠) 기능은 당대에 이르러 육우의 『다경』을 거치며 새로운 시대의 흐름을 만든다. 바로 차에 있어 첫 번째 변화의 물결이다. 차에 관한 폭넓은 지식과 정보의 전파는 차음료가 일반인들에게도 보편화되면서 유니크한 차문화가 성행하게 만들었다. 이를 통해 주변국가에도 중국의 차문화가 활발히 전파될 수 있었다.

우리나라의 [삼국사기(三國史記)]에는 신라본기 흥덕왕 3년(828년)에 중국차가 전래되었다는 기록이 있다. 여기에는 "당나라에서 돌아온 사신 대렴(大廉)이 차 종자를 가져오자 왕이 지리산에 심게 하였다. 차는 선덕여왕 때부터 있었지만 이때에 이르러 성하였다"고 쓰여 있다. 대렴이 중국의 차를 가져 온 시기가 바로 육우가 『다경』을 편찬하고 차가 유행하여 차문화가 꽃을 피우려 하던 때이다. 육우(陸羽)에 의해 꽃 피우기 시작한 차문화는 송(宋, 960년 ~ 1279년)에 때 화려함의 극치를 이루었다.

당(唐, 618년 ~ 907년) 시절에는 빈대떡 모양의 병차(餠茶)를 약연(藥研)으로 갈아 더운 물에 타서 마시거나 큰 솥에 차를 끓여 마시는 자다법(煮茶法)이 주류였다. 요즘 흔히 보는 엽차형(葉茶型)의 산차(散茶)도 있었지만 고급차로 인정받지 못한 서민의 차였다. 송대에는 점차(點茶: 후에 일본으로 전파된 말차)의 열기가 대단하여 황실과 귀족뿐만 아니라 장터, 골목 도처에서 '투차(鬪茶: 점차 만들기 시합)가 유행하였다. 차문화의 지나친 발달은 결국 송나라를 망하게 하는 원인이 되었다고도 한다. 고려의 차를 마시는 습관과 문화도 이때부터 본격적으로 성행하였으며, 고려시대에는 거리 곳곳 어디서나 차를 마실 수 있을 정도로 차의 소비가 왕성했었다. 물론 중국식 단차(덩이차)를 가루 형태로 갈아 대접(다완)에 풀어 뜨겁게 마시는 방식의 차를 마셨다,



차의 두 번째 물결, 뜨거운 물에 찻잎을 우려내어 음료로 마시는 현대적인 음차문화의 방향을 열어젖힌 사람은 명태조이다. 명 태조 주원장(1328 ~ 1398)은 1391년 9월 칙령으로 차 문화에 대한 개혁을 단행했다. 이름하여 '폐단개산廢團改散', 즉 송대에 흥했던 단차를 없애고 원대에서 흥했던 산차(잎차)로 대체 하는 정책이었다.

주원장은 자신부터 저급한 차로 취급 받던 잎차를 마시며 차 문화를 획기적으로 간소화해 민폐를 줄인다. 하층민 출신으로 황제에 오른 그는 칙령을 통해 만백성에게 만들기 힘든 단차團茶(덩이차)의 제조를 금지하고 제조과정이 간결한 잎차를 만들어 마시게 했다. 이때부터 찻잎을 뜨거운 물에 우려마시는 포다법泡茶法이 유행하며 오늘까지도 이어져오고 있다.

이에 따라 품종에 맞는 제다 기술이 발전하고, 차를 우려내는 다기(차주전자)가 만들어지기 시작했으며, 다양한 다류가 완성되면서 현대에도 가장 보편적인 차 마시는 방법, 포다법 문화가 자리 잡게 되었다.

**The Third Wav**
**제3의 물결, 아이스티와 티백**

차갑게 마시는 차, 아이스티의 시작은 미국이다. 1904년 세인트루이스 국제 박람회에서 홍차 상인 라처드 블레친든Richard Blechynden이 더운 날씨로 인해 관람객들이 홍차에 관심을 보이지 않자 홍차에 얼음을 넣어 냉차를 만들어 홍보하며 시작되었다고 한다. 이른바 St.Louis World's Fair는 미국 미저리주 제인트루이스에서 1904년에 열린 행사로 무려 2000만명이 넘는 관람객들이 몰렸다고 한다. 세인트루이스는 위도가 우리나라와 비슷하지만 여름이 무척 더운 날씨로 대구와 오사카보다 더 덥다. 술이든 음료든 더운 여름에는 차게 마시는 것이 좋을 것이다. 아이스티가 만들어진 것은 여름에도 주변에서 쉽게 얼음을 구할 수 있게 되었다는 것을 의미하기도 한다.

티백 역시 비슷한 시기 미국에서 시작되었다. 1908년경 뉴욕의 차와 커피 수입업자인 토머스 설리번(Thomas Sullivan)에 의해 성공적으로 판매되었다고 한다, 그는 자신의 차 시음용 샘플을 작은 비단 망에 포장해서 고객들에게 배포했는데, 설리번의 의도와 달리 일부 고객이 그걸 직접 찻물에 직접 우려 티백의 편리성에 열광했다고 한다. 티백은 정량의 찻잎으로 일정한 맛을 즐길 수 있게 했고, 찻잎을 따로 걸러야 하는 수고를 덜게 했다. 이후 티백 재질의 꾸준한 개량과 산업화로, 세계 차 소비의 90% 이상이 티백 차로 이뤄지고 있다. 이제 누구나, 언제 어디서나, 특별한 차우림 도구가 없어도 쉽게 차를 즐길 수 있게 되었다.

## The Fourth Wave
## 제 4의 물결, 후각 중심에서 시각과 미각으로 감각을 해방

차의 네 번째 새로운 물결은 상업성과 간편성에 기인하는 '차가운 차'이며 '아름다운 차'이다.  중국어로는 량차涼茶, 영어로는 콜드티, 아이스티이다. 흔히 차는 뜨겁게 마시며 추위를 달래는 음료로만 생각되어왔다. 하지만 젊은 세대에게 '차는 뜨겁게 마시는 것'이란 전통적인 생각은 이제 구시대적이며 올드하다고 여겨진다. 차가운 음료의 유행은 지구의 온난화, 지구가 더워진 데서 원인을 찾을 수도 있고, 과거와 달리 생활환경의 개선으로, 유년기를 춥지 않은 겨울로 보낸 세대가 차 소비의 주력으로 자리 잡았다는 사실 간과할 수 없다.

차갑게 만들어도 색다른 매력이 넘치는 음료로 변신한다. 이미 아열대 지역을 중심으로 차가운 차, 아이스티의 시대가 열리고 있다. 차는 기호음료이고 체온보다 높거나 낮을 때 어떤 자극이나 활력을 부여한다. 하지만 미지근한 물, 체온보다 8도 정도 낮은 물은 기호음료로 부적격이다. 음료가 체온보다 10도 이상, 그러니까 50도 정도 이거나, 체온보다 최소 20도 정도 아래일 때 우리는 자극을 느낀다. 인간이 정온동물이기 때문이다.

인간은 외부의 온도에 종속되지 않고 스스로 체온을 조절하는 능력을 가지고 있다. 항상 일정한 체온을 유지하려한다. 체온보다 뜨겁거나 차가운 음료가 몸에 들어왔을 때, 본능적으로 긴장하게 되고, 쾌감을 느끼는 것이다. 레드와인도 테이스팅 온도는 17~18도, 화이트 와인의 경우는 11~13도, 스파클링 와인의 경우는 7~8도를 최적으로 본다. 모두 체온보다 20도 이상 아래를 쾌감을 주는 최적의 온도로 보는 것이다. 차를 아는 사람이라면 차 한 잔을 대접 받으며 '차가 참 맛있습니다.'가 아니라 '차향이 좋습니다.'라고 인사를 한다. 하지만 지금 시대에 차를 마시며 향을 말하는 이는 드물다. 진화론적 관점일 수 있겠지만, 현대에 이르러 인간에게 본능과 가장 연관성이 높은 후각은 거의 퇴화되었다고 할 수 있다. 상대적으로 오감 가운데 가장 두드러진 감각은 시각이다.

성리학이라는 이데올로기가 뒷받침한 5백년의 조선의 역사 속에서는 인간의 본능에 가깝다할 우리의 감각 기관은 감추어지고 그 표현은 억제되어 왔다. 권위와 계급을 중시하던 수직구조 사회 속에서 원색은 야하고 촌스러우며 배색은 음흉

한 간계의 색으로 치부되었다. 경험해보지 못한 향은 불순하고 사특한 냄새, 부도덕으로 치부되었다. 평소에 느껴보지 못한 특별한 맛은 바르지 않으며, 즐겨서는 안 되는 부정한 맛이 되었다. 좋은 맛은 탐욕의 상징이 되었다. 청렴하고 곧은 선비라면 감각적으로 좋은 색과 향과 맛은 추구하지 말아야할 요소로 5백년을 이어왔다. 하지만 이제는 봇물이 터지듯 그 금기가 무너져 내리고 있다. 형형색색의 옷감과 페인팅이 거리를 메우고, 너도나도 각양각색의 향수를 뿌리고 서로 선물하며, 맛집을 찾아 팔도를, 아니, 전 세계를 누비며 유명하다는 맛집 앞엔 줄을 선다. 줄을 서는 고생을 행복한 즐거움으로 탈바꿈 시키고 있다. 특별한 색,향,미를 즐기기 위한 고생은 자랑거리가 되었다.

어찌보면 눌려왔던 오감의 즐거움이 이제 제자리를 찾아가고 있다고 할 수 있을 것이다. 그동안 후각에 눌려있던 시각이 제자리를 찾고 있는 듯하다. 어떤 다인은 '차의 향기는 코를 대고 킁킁거리며 맡는 것이 아니라 가슴으로 느낄 수 있어야 한다.'고 당당하게 말하는 것을 들었다. 하지만 관념으로 차를 즐기던 시대는 조선에서도 벌써 2백년 전에 지나갔다고 할 수 있다. 관념적인 차는 이 시대 대중의 외면을 피할 수 없다.

중국 현대어에 '쓰어샹웨이쮜췐(色香味俱全)'이란 말이 있다. 영어로는 'Perfect', 완벽하다는 말이다. 원래는 음식을 평가할 때 사용하는 용어로, 색·향·미의 3요소를 모두 갖추었다는 말이다. 하지만 이 말이 음식 이외의 상황에서 쓰이면, 그 대상이 갖출 것을 모두 갖춘 '엄지 척'의 의미가 된다. 현대에 이르러는 차 한 잔을 마심에 있어서도 이렇게 시각, 후각, 미각을 모두 만족 시킬 수 있어야 '맛있는 차'로 자리매김 한다.

### 쇼 윈도우 안에 놓인 멋진 의상처럼…

오랜 기간 차를 우리고 마시는 최적의 도구는 바로 도자기였다. 하지만, 이 시대에 차갑게 마시는 음료는 투명한 용기가 더 잘 어울린다. 투명함, transparent

는 자본주의 시대 상품 포장의 가장 대표적인 트렌드이다. 속에 담긴 내용물이 구체적으로 눈에 보였을 때 구매 욕구는 한껏 자극 받는다. 물론 자신의 개성을 확실하게 어필할 수 있도록 한다. 투명한 용기는 담겨진 제품의 내용물을 더욱 도드라지게 한다.

유리나 플라스틱으로 대표되는 투명한 포장은 내용물을 시각적으로 더욱 선명하게 만들어 준다. 과학적으로는 투명한 소재가 가시광선의 투과율이 높고 경계면에서의 빛의 산란을 차단한다. 바로 잡광을 제거하여 내용물을 더욱 선명하고 신선하게 보이도록 만들어 줌으로써 소비의 환상을 자극한다는 것이다. 투명한 소재에 담긴 음료는 그것을 마셨을 때 가져다줄 행복에 대한 환상을 불러일으켜준다. 쇼 윈도우 안에 놓인 멋진 의상처럼…

그동안 빛의 흐름이 차단 된 도자기 주전자와 도자기 잔에 갇혀있던 차가 투명한 유리와 PET병에 담기 시작하며 색채감을 드러내기 시작했다. 마트나 편의점의 냉장고에는 시원하고 싱그런 초록의 녹차, 따뜻한 느낌의 붉은 홍차, 그리고 커피색감의 다크티(흑차)들이 저마다 자신의 개성을 뽐내며 소비자를 유혹한다. 마시는 차에도 시각의 시대가 열리고 있다. 예쁘게 포장된 디저트가 맛있는 것처럼, 시각적으로 예쁘게 담긴 차가 맛있다고 평가받는 새로운 시대가 도래 한 것이다. 최근 글로벌 티 시장을 강타하고 있는 차는 초록의 가루, 말차이다. 초록의 말차가 우유와 만나면 환상적인 파스텔 톤의 밝은 연두색이 그려진다. 말차 전문 카페에서는 히비스커스나 딸기, 블루베리 등과 베리에이션하여 투명 유리 용기 안에 비현실적인 그라데이션이 연출되고 있다.

차의 정신과 맛을 제대로 느끼기 위해서는 두툼한 도자기 잔에, 따뜻하게, 그리고 여유롭고 품위있는 자리에서, 교양있게 마셔야 한다는 전통적 관념이 무너지고 있다. 무너지는 차 정신을 다시 되살리자는 주장도 있을 수는 있다. 하지만 우리는 특별한 계층만을 위한 차가 아니라 우리 모두를 위한 차의 세계로 나가기 위해, ‘차갑고 아름다운 차’로 그 지평을 넓히고, 차의 네 번째 물결을 함께 열어가고자 한다.

초판 1쇄 2026년 2월 5일

**지은이** 강미희, 김선정, 김수연, 김종분, 박정숙, 신순규, 이계자, 조영아, 최선주, 최은환, 홍정순

**인쇄** 지성기획

**발행처** 차와문화

**편집. 디자인** 차와문화


**등록번호** 종로 마 00057

**등록일자** 2006. 09. 14

**차와문화** 서울 종로구 계동길 103 - 4

**편집부** 070 - 7761- 7208

**이메일** teac21@naver.com



ISBN 979 -11 - 86427 - 11 - 8    **가격** 29,000원